由南京大学郑钢基金资助出版

折射集
prisma

照亮存在之遮蔽

Idea della prosa
Giorgio Agamben

当代激进思想家译丛
● 丛书主编 张一兵

散文的理念

[意]吉奥乔·阿甘本 著　王立秋 译

南京大学出版社

激进思想天空中不屈的天堂鸟
——写在"当代激进思想家译丛"出版之际

张一兵

传说中的天堂鸟有很多版本。辞书上能查到的天堂鸟是鸟也是一种花。据统计,全世界共有40余种天堂鸟花,在巴布亚新几内亚就有30多种。天堂鸟花是一种生有尖尖的利剑状刺的美丽的花。但我更喜欢的传说,还是作为极乐鸟的天堂鸟。天堂鸟在古代阿拉伯传说中是不死之鸟,相传每隔五六百年就会自焚成灰,由灰中获得重生。在自己的内心里,我们在南京大学出版社新近推出的"当代激进思想家译丛"中引介的一批西方激进思想家,正是这种在布尔乔亚世界大获全胜的复杂情势下,仍然坚守在反抗话语生生灭灭不断重生中的学术天堂鸟。

2007年,在我的邀请下,齐泽克第一次成功访问中国。应该说,这也是当代后马克思思潮中的重量级学者第一次在这块东方土地上登场。在南京大学访问的那些天里,除去他的四场学术报告,更多的时间就成了我们相互了解和沟通的过程。一天他突然很正经地对我说:"张教授,在欧洲的最重要的左翼学者中,你还应该关注阿甘本、巴迪欧和朗西埃,他们都是我很好的朋友。"说实话,那也是我第一次听到这些陌生的名字。虽然在2000年,我已经提出"后马克思思潮"这一概念,但还是局限于对国内来说已经比较热的鲍德里亚、德勒兹和后期德里达,当时,齐泽克也就是我最新指认的拉康式的后马克思批判理论的代表。正是由于齐泽克的推荐,促成了2007年南京大学出版社开始购买阿甘本、朗西埃和巴迪欧等人学术论著的版权,这也开辟了我们这一全新的"当代激进思想家译丛"。之所以没有使用"后马克思思潮"这一概念,而是转启"激进思想家"的学术指称,是因为我后来开始关注的一些重要批判理论家并非与马克思的学说有过直接或间接的关联,甚至干脆就是否定马克思的,前者如法国的维利里奥、斯蒂格勒,后者如德国的斯洛特戴克等人。激进话语,可涵盖的内容和外延都更有弹性一些。这一新的研究领域已经开始成为国内西方左翼学术思潮研究新的构式前沿。为此,还真应该谢谢齐泽克。

  那么,什么是今天的激进思潮呢?用阿甘本自己的指认,激进话语的本质是要做一个"同时代的人"。有趣的是，这个"同时代的人"与我们国内一些人刻意标举的"马克思是我们的同时代的人"的构境意向却正好相反。"同时代就是不合时宜"（巴特语）。不合时宜，即绝不与当下的现实存在同流合污，这种同时代也就是与时代决裂。这表达了一切**激进话语**的本质。为此，阿甘本还专门援引尼采①在1874年出版的《不合时宜的沉思》一书。在这部作品中，尼采自指"这沉思本身就是不合时宜的"，他在此书"第二沉思"的开头解释说，"因为它试图将这个时代引以为傲的东西，即这个时代的历史文化，理解为一种疾病、一种无能和一种缺陷，因为我相信，我们都被历史的热病消耗殆尽，我们至少应该意识到这一点"②。将一个时代当下引以为傲的东西视为一种病和缺陷，这需要何等有力的非凡透视感啊！依我之见，这可能也是当代所有激进思想的构序基因。顺着尼采的构境意向，阿甘本主张，一个真正激进的思想家必然会将自己置入一种与当下时代的"断裂和脱节之中"。正是通过这种与常识意识形态的断裂和时代错位，他们才会比其他人更能够感知**乡愁**和把握他们自

---

① 尼采(Friedrich Wilhelm Nietzsche,1844—1900)：德国著名哲学家。代表作为《悲剧的诞生》(1872)、《查拉图斯特拉如是说》(1883—1885)、《论道德的谱系》(1887)、《偶像的黄昏》(1889)等。

② Friedrich Nietzsche, "On the Uses and Abuses of History to Life", in *Untimely Meditations*, trans. R. J. Hollingdale, Cambridge: Cambridge University Press, 1997, p. 60.

己时代的本质。① 我基本上同意阿甘本的观点。

阿甘本是我所指认的欧洲后马克思思潮中重要的一员大将。在我看来,阿甘本应该算得上近年来欧洲左翼知识群体中哲学功底比较深厚、观念独特的原创性思想家之一。与巴迪欧基于数学、齐泽克受到拉康哲学的影响不同,阿甘本曾直接受业于海德格尔,因此铸就了良好的哲学存在论构境功底,加之他后来对本雅明、尼采和福柯等思想大家的深入研读,所以他的激进思想往往是以极为深刻的原创性哲学方法论构序思考为基础的。并且,与朗西埃等人1968年之后简单粗暴的"去马克思化"(杰姆逊语)不同,阿甘本并没有简单地否定马克思,反倒力图将马克思的批判精神与当下的时代精神结合起来,以生成对当代资本主义社会存在更为深刻的批判性透视。他关于"9·11"事件之后的美国"紧急状态"(国土安全法)和收容所现象的一些有分量的政治断言,是令西方资本主义国家政要为之恐慌的天机泄露。这也是我最喜欢他的地方。

朗西埃曾经是阿尔都塞的得意门生。1965年,当身为法国巴黎高师哲学教授的阿尔都塞领着整个西方马克思主义科学思潮向着法国科学认识论和语言结构主义迈进的时候,那个著名的《资本论》研究小组中,朗西埃就是重要

---

① [意]阿甘本:《裸体》,黄晓武译,河南大学出版社2015年版,第7页。

成员之一。这一点，也与巴迪欧入世时的学徒身份相近。他们和巴里巴尔、马舍雷等人一样，都是阿尔都塞的名著《读〈资本论〉》（*Lire le Capital*，1965）一书的共同撰写者。应该说，朗西埃和巴迪欧二人是阿尔都塞后来最有"出息"的学生。然而，他们的显赫成功倒并非因为他们承袭了老师的道统衣钵，反倒是由于他们在1968年"五月风暴"中的反戈一击式的叛逆。其中，朗西埃是在现实革命运动中通过接触劳动者，以完全相反的感性现实回归远离了阿尔都塞。

法国的斯蒂格勒、维利里奥和德国的斯洛特戴克三人都算不上是后马克思思潮的人物，他们天生与马克思主义不亲，甚至在一定的意义上还抱有敌意（比如斯洛特戴克作为当今德国思想界的右翼知识分子，就是反对马克思主义的）。可是，在他们留下的学术论著中，我们不难看到阿甘本所说的那种绝不与自己的时代同流合污的姿态，对于布尔乔亚世界来说，都是"不合时宜的"激进话语。斯蒂格勒继承了自己老师德里达的血统，在技术哲学的实证维度上增加了极强的批判性透视；维利里奥对光速远程在场性的思考几乎就是对现代科学意识形态的宣战；而斯洛特戴克最近的球体学和对资本内爆的论述，也直接成为当代资产阶级全球化的批判者。

应当说，在当下这个物欲横流、尊严倒地，良知与责任在冷酷的功利谋算中碾落成泥的历史时际,我们向国内学界推介的这些激进思想家是一群真正值得我们尊敬的、严肃而有公共良知的知识分子。在当前这个物质已经极度富足丰裕的资本主义现实里,身处资本主义体制之中的他们依然坚执地秉持知识分子的高尚使命,努力透视眼前繁华世界中理直气壮的形式平等背后所深藏的无处控诉的不公和血泪,依然理想化地高举着抗拒全球化资本统治逻辑的大旗,发自肺腑地激情呐喊,振奋人心。无法否认,相对于对手的庞大势力而言,他们显得实在弱小,然而正如传说中美丽的天堂鸟一般,时时处处,他们总是那么不屈不挠。人类社会发展的历史已经明证,内心的理想是这个世界上最无法征服也是力量最大的东西,这种不屈不挠的思考和抗争,常常就是燎原之前照亮人心的点点星火。因此,有他们和我们共在,就有人类更美好的解放希望在!

纪念

何塞·波尔加明（José Bergamín）

Y es tanto su desvelo que, al velarlo
de sueño sin sentido,
siente que por debajo de ese sueño
nunca despertarà del sueño mismo.

他是如此地无眠以至于，看着
一个无意义的梦
他觉得在那个梦下面
他永远不会从那个梦里醒来了。

作品的理念

佚名德国画家,《蜗牛背上狂暴的爱神》
巴黎·国家图书馆

目 录

阈 限 ································· 001

I

题材的理念 ························ 007

散文的理念 ························ 008

音顿的理念 ························ 012

召命的理念 ························ 015

独一者的理念 ······················ 016

听写的理念 ························ 019

真理的理念 ························ 022

缪斯的理念 ························ 025

爱的理念 ·························· 027

学习的理念 ························ 027

不可记忆者的理念 ·················· 031

II

权力的理念 …………………………… 034

共产主义的理念 ……………………… 035

政治的理念 …………………………… 040

正义的理念 …………………………… 043

和平的理念 …………………………… 044

羞耻的理念 …………………………… 046

时代的理念 …………………………… 050

音乐的理念 …………………………… 052

幸福的理念 …………………………… 057

幼儿期的理念 ………………………… 058

普世审判的理念 ……………………… 063

III

思想的理念 …………………………… 065

名称的理念 …………………………… 067

谜的理念 ……………………………… 070

沉默的理念 …………………………… 075

语言的理念（1） ……………………… 076

语言的理念（2） ……………………… 077

光的理念 ……………………………… 080

表象的理念 …………………………… 081

荣耀的理念 …………………………… 084

死亡的理念 …………………………… 089
　　觉醒的理念 …………………………… 089
阈　限
　　在卡夫卡的诠释者面前为他而辩 …………… 094

阈 限

公元529年,皇帝查士丁尼,在反希腊化派系的狂热代言人的敦促下,下令关闭雅典的哲学学园。因此,事实证明,当时在职的学园长,大马士①,成了异教哲学的最后继承人。大马士试图通过他在宫廷的朋友撤销那个决定。但他们帮忙的承诺的最终结果,只是在学园财产与收入被没收的情况下,在一个省份为大马士提供一份图书馆员的津贴。受迫害的可能,使这位学园长和他六个亲密的助手把书和行李装上马车,到波斯国王霍斯劳一世(不朽的灵魂)的宫廷寻求庇护。就这样,希腊人——或确切地说,就像他们当时称呼自己的那样,"罗马人"——认为不再值得保护的最纯粹的希腊遗产,转而由野蛮人来保管了。

这位继承人也不再年轻:他一心关注非凡的故事和灵魂

---

① 即大马士革的大马士(Damascio,英译为 Damascius of Damascus,约462—约538)。——译注

的幻影的时刻已经过去了。在泰西封宫廷生活的头几个月，用评注和批判本来满足这里的主权者的哲学好奇心的任务，被留给了他的学生普里西安①和辛普利②。和一名希腊抄写员和一位叙利亚管家一起幽居在城北一间房子里的大马士，决定把他生命最后的几年时间，用来写一部题为《关于第一原则的难题与解答》的作品。

他清楚地意识到，他意图讨论的问题，不只是又一个哲学问题。柏拉图本人不就在一封甚至基督徒（在没有真正理解它的情况下）也认为重要的信中写到过，关于第一原则的问题是万恶之源吗？但他也补充说，这个问题在灵魂中引起的痛苦，就像生产的痛苦一样，在真（把胎儿）生出来之前，灵魂绝不可能发现真理。因此，在这部作品的开头，这位老继承人毫不犹豫地提出了他的论题："我们所谓的**全体**的单一、至高之始（principle）③，它在**全体**之外吗？还是说，它是**全体**的某一个被决定了的部分，比如说，是它之后的一切事物的最高点？我们该说**全体**是有始（与始同在）的吗，还是说，**全体**在始之后，从始开始？如果我们承认有这样的可能的话，那么，就会有某个东西在**全体**之外了，这怎么可能呢？事实

---

① 即吕底亚的普里西安（Prisciano，英译为 Priscian of Lydia，生卒年不详，活跃于公元 6 世纪）。——译注

② 即西里西亚的辛普利（Simplicio，英译为 Simplicius from Cilicia，约 490—约 560）。——译注

③ 意大利语的 principle 既有起初、开始、开端之意，也有哲学中所说的本原、原则之意。——译注

上,绝对的**全体**什么也不缺;但它无始,因此,在始之后、在始之外的,不是绝对的**全体**。"

传统是这样说的,大马士在他的作品上劳作了三百个日夜,确切来说,也正是他在泰西封流亡之时。有时,他会停下来好几天或好几个星期,这时,他就会像透过一层迷雾一样,隐隐看到他所做之事的徒劳。我们读到的文本中布满了像这样的表达:"尽管我们工作得很慢,但看起来,我还什么也没有得出",或"愿主喜悦我刚才写下的东西!",又或是,再一次地,"关于我的阐述,所有可以说的好话只是:它通过承认它在清楚地看到上的无能,和在看见光明上的无力,来谴责自己"。但接着,他总会继续自己的工作,直到下一次停下来,直到不可避免的新危机出现。因为思想怎么可能提出关于思想之始的问题呢?或者,换句话说,你怎么可能理解不可理解的东西呢?显然,这里的问题,甚至都不能说是不可理解的,甚至都不能被表达为不可表达的。"它是如此地不可知,以至于它甚至都没有'是可知的东西'这个性质,而且,我们也不能通过宣布它是不可知的来欺骗自己,使自己相信我们知道它了,因为我们甚至都不知道它是不是可知的。"这就是为什么叙利阿①的弟子,同时也是大马士的第一个老师

---

① 即普鲁塔克的学生叙利阿(Syrianus,生年不详,约卒于 437 年)。——译注

的老师,被许多人认为不可超越的马利①曾经写到过,因为不可知的东西没有名字,所以我们可以通过在发ἐν中的元音ε时的那个送气声来思考它。但显然这是一种与哲学家不匹配的狡猾,是一种近乎骗术的考虑。大马士不会在他的《难题》中,以这样的方式,通过一个读不出来的符号或呼吸音,来处理超越了呼吸并超越了可被写下的东西的不可思的东西。于是,一天晚上,在他写作的时候,一个意象突然在他脑中浮现,这个意象将指导他——他是这么认为的——写完他的作品。不过,那也不是一个意象,那是一个类似于完美的空的空间的东西,在那里,最终只会有意象、呼吸或词发生。或者,更确切地说,它甚至不是一个空间,而是一个地方所在的场所,可以说,是一个表面,一个绝对平滑的区域,在它上面,每一个点都没法与其他点区分开来。他想到了他出生的那个农场的白石场,它就在大马士革门前,傍晚农人会去那里打麦子,把麦粒和麦壳分开。他在寻找的东西,不就和那个打谷场一样吗?它本身是不可思也不可说的,但在那里,思想和语言的簸箕把一切事物的麦粒与麦壳分开。

这个意象让他满意,在跟随这个意象的时候,他脱口说出一个词,这个词把打谷场或打谷区这个术语,和天文学家

---

① 即尼亚波利的马利(Marino di Neapoli,英译为 Marinus of Neapolis,约450—约500)。——译注

用来指月亮或太阳表面的那个术语结合到了一起：ἅλων（光晕、光环）。不，对他想说的东西来说，这是一个不错的解决办法。他必须坚持这个表达，别的什么也不加。他写道："当然，对绝对不可言喻的东西来说，我们甚至都不能肯定，它是不可言喻的，而对太一来说，我们则必须说，它退出了一切名称或话语的构造，就像它类似地也退出了一切区分（比如说，可知的/可认识的东西与认识者之间的区分）那样。我们必须把它思考为一种平滑的光晕，在它上面，没有一个点可以和另一个点区分开；我们必须把它思考为最单纯、最完整的物：不只是一，更是全一一（tutto-uno），和全之前的一，而不是全中的一……"

一瞬间，大马士抬起手，看着书写板——他刚在上面匆匆记下了他的想法。突然，他想起论灵魂的那本书的一段话，在这段话中，哲学家把理智的潜能比作一块上面什么也没写的白板。为什么他之前没有想到这个呢？他日复一日地、徒劳地试图把握的，就是这个，他不断地试图借助不可瞥见的、致盲的光晕的闪光来寻找的，就是这个。思想可以达到的最高极限不是一个存在，不是一个地点或事物，无论这样的存在、地点或事物是多么地不为任何品质所沾染；相反，思想的最高极限是它自己的绝对的潜能，是再现本身（rappresentazione stessa）的纯粹潜能：书写板！在这之前，他认为是太一、是思想的绝对他者的东西，反而只是质料，只是思想的潜能。而这位抄写员的手用字母填满的那整部冗长的作品,不过是再现上面还什么也没有写的、完全赤裸的书写板的努力而已。这就是为什么他不能完成他的作品:不能停止写作自己的东西,就是未曾停止过不写自己的东西(即一直在写自己的东西)的影像啊。在"一"中,倒映着那个不可把握的"他者"。但终于,一切都清楚了:现在他可以打破书写板,停止写作了。或者,更确切地说,现在,他可以真正地开始了。现在,他相信他理解了那句格言的意义:通过认识不可知的东西,我们知道的不是某种关于它的东西,而是某种关于我们自己的东西。那个永远不可能是第一的东西,在自身的消逝中,让他瞥见了一个开始(un inizio)的微光。

I

题材(materia)①的理念

决定性的经验——据说,对那些有过这样的经验的人来说,它是难以讲述的——甚至不是一种经验。它不过是这样一个点,在这点上,我们触及了语言的极限。但我们由此而触及的,也不是什么如此之新、如此之可怕,以至于我们没有词来描述的东西;相反,我们触及的,是在"不列颠题材"或"进入题材"甚或"题材索引"意义上说的主题。在这个意义上说,触及自己的题材的人找到了要说的词。语言终结处开始的不是不可说者,而是词的题材。任何从未像在梦中一样,触及语言——古人谓之"selva"(林)——的这一木料材质

---

① 意大利语的 materia 兼有物质、质料、实质,和主题、话题、学科分支的意思。——译注

(lignea sostanza)的人,哪怕沉默,也是再现的囚徒。

就和那些在表面上死去后复生的人一样:实际上,他们根本没死(否则他们就不会回来了),他们也没有把自己从有朝一日必定死去的必然性中解放出来;不过,他们把自己从死亡的再现中解放出来了。出于这个原因,在被问到他们身上发生了什么的时候,关于死亡,他们无话可说,但他们找到了许多故事、许多关于他们的生活的美丽传说的题材。

散文的理念

没有一个对诗文(verso)的定义是完全令人满意的,除非它通过**跨行**,为诗判定一个相对于散文的特征。从这个立足点来看,字数、韵律、音节的数量——所有在散文中同样可能发生的元素——都不提供充分的判据。相反,我们要把诗称作这样的话语,在这样的话语中,设定一个与句法的限制相反的格律的限制是可能的(在这里,我们应该把实际上没有**跨行**的诗文看作零**跨行**的诗文而不是无跨行的散文)。散文是这样一种话语,其中,与句法的限制相反的格律的限制是不可能的。

在一些诗人——以彼得拉克为首——的作品中,零**跨行**

是常态。而在另一些诗人——卡普罗尼①便是其中之一——那里，显著的程度（Degré Marqué）占了上风。不过，在卡普罗尼后期的诗中，这种对**跨行**的喜爱走过了头；**跨行**接管了诗文，把诗简化为一个单一的元素（但依然让人认出它的原貌），也即简化为它特有的差异之核，鉴于我称**跨行**是诗的话语的显著特征。以下是卡普罗尼最近的诗作之一：

......La porta

bianca...

La porta

che, dalla trasparenza, porta

nell'opacità...

La porta

condannata...

......白的

门......

---

① 吉奥乔·卡普罗尼（Giogio Caproni, 1912—1990），意大利诗人、文学批评家、翻译家。——译注

> 门
>
> 从透明,通
>
> 向不透明……
>
> 门
>
> 注定……

在这里,传统的诗文在格律上的一致被大幅削减了,而作为晚期卡普罗尼特征的省略号,恰恰标志着,在诗文的构成核心(这个核心——这点虽然显而易见,却并非微不足道——不在起点,而在终点,在折返点①)之外发展格律主题的不可能性;就像在使卡普罗尼受益匪浅的舒伯特五重奏作品第163号的慢板中,每一次拨奏,都再次肯定弦音完全表述一个乐句的不可能性那样。这不是说,诗不再是诗了:再一次地,跨行——以不同于马拉美式的空白的方式,后者把散文并入了诗的领域——是诗文化(versificazione)的充分必要条件。

确切来说,是什么给了**跨行**这个高于诗的格律的支配地

---

① 这个拉丁语词指的是在犁沟的尽头调转犁头的那个地点(和时刻)。英语的 verse(诗文)一词就源于此。——英译注

位？**跨行**揭示了一种不匹配,一种格律的元素与句法的元素、声调韵律与意义之间的脱节,如此(与那种认为声调与意义之间的契合在诗中完成并达到完美的常见意见相反),诗只在它们的内在分歧中存在。在诗通过打破句法的关联,肯定它自己的特征的那个时刻,它也忍不住要跨入下一行,去那里把握被它抛出自身的东西。它用这个证明自己的多变性的姿势,来示意一段散文。通过这样一头扎进意义的深渊,诗的纯粹声调的单位,也越出了它自己的特征,逸出了它自己的尺度。

这样,可以说,**跨行**阐明了诗的不是诗的也不是散文的,而是交互书写的原始步态,一切人类话语的本质的"散文-韵律",后者最早出现在《阿维斯塔》的伽陀,或拉丁语的讽刺诗中,这些例子也说明,处在现代的时代阈限上的《新生》表现出相同的特征也并非偶然。把自己展示为**跨行**的折返点,尽管在关于格律的专著中不被谈及,却构成了诗文的核心。它是一个暧昧的姿势,同时转向两个相反的方向:向后(verso)和向前(prosa)。这个踌躇,这个意义与声调之间的崇高的迟疑,是思想必须面对的诗的遗产。为接过这个遗产,柏拉图拒绝各种传递形式的写作,而把目光集中在语言的理念上。根据亚里士多德的证言,语言的理念对柏拉图来说既不是诗,也不是散文,而是它们的'中'(medio)①。

音顿的理念

也许,二十世纪没有谁的诗,像桑德罗·佩纳②的诗那样,如此有意识地把它的韵律托付给音顿的中断行动。在短短的一个对句中,他就总结了一整部关于这个主题的格律的专题论文:

Io vao verso il fiume su un cavallo

che quando io penso un poco un poco egli si ferma.

我骑马去河边

我想了一会儿,它停了一会儿。

诗人骑的马,根据一个古老的关于圣约翰的《启示录》的

---

① 参见 Alexander García Düttmann, "Integral Actuality: On Giorgio Agamben's Idea of Prose", in Justin Clemens, Nicholas Heron and Alex Murray, *The Work of Giorgio Agamben: Law, Literature, Life*, chapter 2, Edinburgh University Press, 2008, pp. 28-42。亦见亚历山大·加西亚·迪特曼:《评阿甘本〈散文的理念〉:思想只有承担"诗的遗产",才能朝向"散文的理念"》,王立秋译,载《燕京书评》,2020年11月28日,https://www.allnow.com/post/5fc21e5d9bd2f70d0767ca7c。——重印译注

② 桑德罗·佩纳(Sandro Penna, 1906—1977),意大利诗人。——译注

经注传统,是语言的声调和声音的要素。在评注《启示录》19:11①——在那里,道(logos)被描述为身骑白马的"诚信真实"骑士——的时候,奥利金解释说,那马是声音,作为说出来的话的词,它"跑得比任何坐骑更有力、更快",只有道能让它变得清楚可理解。在罗曼诗歌的开端,阿基坦的纪尧姆②,就声称他是在这匹马上睡觉——*durmen sus un chivau*(在一匹马上睡觉)——的时候,创作出自己的**诗文**(*vers*)的。在本世纪初的时候,在帕斯科利③那里,我们发现,这匹马也以自行车的乐天形式出现了。这当然表明了这个意象的持久的象征力量。

对诗人来说,使声音的格律动力停下来的元素——也即,诗的音顿——是思想。但使佩纳对这个问题的处理成为一个典范的,是这样一个事实,即这个对句的主题内容,在格律结构中得到了完美的反映,也即在把第二句诗分成两半的那个音顿中得到了完美的反映。意义与格律之间的平行,通过音顿两边相同的词的重复,再一次得到了肯定。这个重复,就好像是要给这个停顿以史诗的重量,使它成为两个时刻之间的非时间的空隙一样,这个间隙,使姿势悬停在一个

---

① 参和合本:"我观看,见天开了。有一匹白马。骑在马上的,称为诚信真实。他审判争战都按着公义。"——译注
② 阿基坦的纪尧姆(Guillaume d'Aquitaine, 1071—1127),阿基坦的纪尧姆九世(公爵),是已知的最早的奥克西坦语(occitan)游吟诗人。——译注
③ 乔万尼·帕斯科利(Giovanni Pascoli, 1855—1912),意大利诗人、古典学者,19世纪晚期意大利文学的标志性人物。——译注

夸张的正步中途[也许,这就是为什么诗人在这里使用了**典型**的双韵体,亚历山大体,这种诗体的音顿一般就被称为史诗的(epica)]。

但在这个使诗文之马停下来的音顿中被思考的是什么?这个对诗的韵律传送的中断揭示了什么?最容易理解的答案来自荷尔德林:"事实上,悲剧的传送,是相当空洞的,它也是真正自由的东西。这就是为什么在再现的韵律的继起中——悲剧的传送就是在这里得到展示的——纯粹的词,在格律中被称为音顿的反韵律的中断,变得如此必要。音顿能以这样一种方式阻挡再现的入魅的继起:这样,诗表现的才不再是再现的继起,而是再现本身。"

给诗文以其动力的韵律的传送是空的,它只是对它自己的传送。而音顿,作为**纯粹的词**,想了、悬停了一会儿的,正是这个空无,同时,诗文之马也停了一会儿。正如拉蒙·柳利(Ramon Llull)①写的那样:"扈从骑小马前往宫廷受封,却被坐骑的摇动催眠,在路上睡着了。不过,在走到一处水源的时候,马停下来饮水,扈从也醒来了,因为在睡眠中,他感觉到马不再运动。"

在这里,在马背上睡着了的诗人醒来并沉思了负载他的灵感片刻——他想的,不过是他的声音而已。

---

① 拉蒙·柳利(Ramon Llull,英译为 Raymond Lully,1232—1315),加泰罗尼亚作家、逻辑学家、数学家、哲学家。——译注

召命的理念

诗人对什么诚信呢？这里说的，是某种不可能被固定在命题中，或被当作信条来背诵的东西。但如果你不把誓言说出来——甚至不对自己表述——那么，你又怎么可能信守誓言呢？它会在它在心智中肯定自己在场的那个时刻离心智而去。

中世纪的一个术语汇编是这样解释 *dementicare* 这个在当时作为常用词，正开始取代更加文学的 *oblivisci* 的新词的意思的："*dementicastis : oblivioni tradidistis.*" 被忘记的东西，不单是被取消或抛到一边：它还被**交给**了遗忘。这个不可公式化的传统的模式，是荷尔德林在为索福克勒斯的《俄狄浦斯王》译文做的注释中提出的，在那里，荷尔德林写道，神与人，"为了让关于属天者的记忆不消逝，而以不忠信的、遗忘一切的形式来传达"。

对那既不可能被主题化，也不可能简单地在沉默中略过的东西的忠信，是一种属神的背叛，其中，突然像旋风一样旋转起来的记忆，揭露了遗忘的发白的前额。这种态度，这种不触动不被想起的东西和不被忘记的东西的同一性的、对记忆和遗忘的反向的拥抱，就是召命。

独一者的理念

1961年,在回应巴黎书商弗林克尔(Flinker)关于双语问题的询问的时候,保罗·策兰给出了这个答案:

> 我不相信诗中的双语。是的,双重的语言的确存在,甚至是在许多当代的作品中,特别是在那些如此欢乐地调整自己,使自己适应当前文化时尚的多彩又多语言的作品中。
>
> 诗,就它是语言的命运而言,是独一的。它因此而不可能——原谅我提这个陈腐的真理,既然诗和真理一样,太过于经常地在陈词滥调中迷失了自己——因此,它不可能是双重的。

这个答案——它来自一位在布科维纳,一个除意第绪语外至少还说四门语言的地区出生并长大的、说德语的犹太诗人——不可能是轻易给出的。而当在布加勒斯特,就在战后,他的朋友们以他不应该用杀死他在纳粹集中营中死去的父母的凶手的语言写作为由,试图说服他做一个罗马尼亚语诗人(他这个时期的罗马尼亚语诗歌也幸存了下来)的时候,策兰只是回答说："只有用母语，你才能说真话。用外语，诗人说的是谎言。"

在这里，对这位诗人来说至关重要的，是何种关于语言的独一性的经验？当然，这里说的，不是单语，即用母语来排除其他语言，同时又停留在和其他语言相同的层面上。这里说的，毋宁是使但丁在写到母语——他说，母语"是心中最先出现的唯一东西"——时心中想到的那种经验。事实上，有一种语言经验永远在预设词——在这种语言中，可以说，我们像这样说话，就好像我们总是已经有了表达某个词的词，就好像我们在有语言之前就已经有了一门语言（因此，我们说的语言就绝不是独一的，而永远是双重的、三重的，陷入了元-语言的无限后设）。相反，另一种语言经验则是这样的：其中，人在语言面前保持着绝对没有词的状态。这样的语言——我们没有词来形容它；它不像语法的语言那样，假装在存在之前，就已经在那里了；它是"心中唯一的和最先的"——才是我们的语言，也即，诗的语言。

这就是为什么但丁在他的《论俗语》(*De vulgari eloquentia*)中探索的，不是从意大利半岛的方言原野上采摘的这样或那样的母语，而只是那种把它的香气吹进每一种方言，同时又不与任何一种方言重合的著名的拉丁俗语（vulgate）。出于这个原因，普罗旺斯诗人也认出了一种证明了一门独一的、缺席的语言的现实（但只是通过多种习语的巴别塔才做到这点)的诗体——不谐和诗(discordo)。**独一**的语言不是**一门**语言。独一的(人把它当作唯一可能的母真理,也即共同的真理来参与),永远是已经分裂的。在抵达独一的词的时刻,人必须站队,必须选择一门语言。同样,在说话时,我们只可能说出**某个东西**——我们不可能说出真理:我们不可能只说"我们说"。

在这个意义上说,与这种既是分裂的又是不可分享的独一语言的遭遇,构成了一种命运,它是一种只有在虚弱的时刻,才能从诗人那里夺取的承认。但事实上,在还没有任何有意义的词,还没有一种语言的同一性的地方,怎么可能有命运呢?而如果在那个时刻,我们都还不是说话者,那么,这个命运又发生在谁身上呢?当幼儿(l'infante)[①]就像这个词暗示的那样,无言地站在语言的面前的时候,他前所未有地不受触动、遥远而没有命运。命运只关乎语言,在世界的幼儿期面前,语言信誓旦旦地说自己能够遭遇它,说自己除名称外,永远对它有话可说。

这种对语言中的意义的空洞许诺,就是语言的命运,也就是说,就是语言的语法和语言的传统。诗人就是这个幼儿,他虔诚地接受了这个许诺,并且,尽管承认这个许诺的空洞,但他还是决定选择真理,决定记住并填补那个空洞。但

---

① 在这里,作者用的意大利语词是 infante(而不是 bambino),指向拉丁语的 *infans*,意即"不说话的"。——英译注

在那个点上，语言就站在他面前，它如此地孤独，如此地沉溺于自己，以至于它不再以任何方式强加自己："诗不再强加自己，它暴露自己。"(sono ancora parole, tarde, del poeta.)策兰在身后出版的文本中就是这样写的，这一次，用的是法语。在这里，词的空洞真的填满了心。

听写的理念①

当诗是负责任的实践时，人们就会认为，诗人在任何场合下，都能为他写的东西给出一个理由。普罗旺斯诗人把对诗的隐藏基础的暴露称作**理由**(razo)，而但丁也警告说，诗人要是不能"用散文把诗说清楚"，就有蒙受耻辱的危险了。

德尔菲尼②1956年在他的短篇小说集《巴斯克女人的记忆》(Il ricordo della Basca)的第二版导言中，为这部作品给出了一个比任何诗人会为自己的某部作品设想的理由都要长的 razo。但就像在爱情诗人那里经常发生的那样，razo

---

① 意大利语的 dettato 除英语 dictation(听写、口授)的意思外，还保留了一个源于拉丁语词 dictare 的意思，dictare 在拉丁文化末期有"创作文学作品"的意思(德语的 dichten 也保留了这个意思)。在这个意义上说，意大利语的 dettato 与德语的 das Gedischtete，也即海德格尔与本雅明各自以自己的方式用来指诗的本质的"诗化的"(the "Poematized")那个词几乎是精确对应的。——英译注
② 安东尼奥·德尔菲尼(Antonio Delfini, 1907—1963)，意大利作家、诗人和记者。——译注

可能把读者引入歧途。它指向作者的传记,当然,是一种被发明出来的、与作品相关的传记的方向,但读者往往忍不住会从表面上去理解这种传记。这样,那个作为语言的**信号**(*senhal*)和他的诗的听写(*dettato*)的巴斯克人,变成了伊莎贝尔·德·阿兰扎迪,二十年前的夏天,他在莱里奇遇见的一个少女。

这个巴斯克女人是这样的存在,她是如此地亲近和在场,以至于在任何意义上,都不可能被记忆,而这种极乐的记忆的不可能性("我想让她如此地靠近我,以至于任何记忆,就算被强加于我,也不能给我任何关于她的影像")才是这个短篇小说的真正主题,而结果,这篇小说也以一种异言[1]——也即这样一种语言,在这种语言中,圣灵,至少从表面上看,直接融入了声音——的神话而告终。不过,这篇小说被命名为"巴斯克女人的记忆",为的是指出,写作是把握一种不可记忆的接近、一种不可能被疏远的爱(因此也才有了"这个记忆的无法弥补的悲剧")的努力,尽管这个努力从一开始就注定要失败。至于剩下的内容,那首诗(那个短篇小说本身就是这首诗的 *razo*),实际上并非异言,而是用最纯

---

[1] Glossolalia,基督教语境中即 speak in tongue,也常译作"说方言""舌音""说灵语",是圣灵的恩赐之一,表现为流利地发出一些难以明了的声音。这里的方言不是一种语言。按阿甘本的说法,异言就是语言本身的语言。——译注

粹的巴斯克语写的一个 *copla*①，它的结尾是这样写的："在我找到诗的时候/你正在入睡；/愿我的歌对你来说/如同夜里的梦。"

这样，自我矛盾地，德尔菲尼朝二十世纪意大利文学中的另一个巴斯克女人，那个最可能构成模型的女人的方向礼貌地颔首：这个女人就是迪诺·坎巴纳（Campana）②的《俄耳甫斯之歌》（*Canti orfici*）中那个二元论的克里奥尔人，曼努埃丽塔·埃切加雷（Manuelita Etchegarray），她的名字明确无误地透露了她的巴斯克出身。与天真地相信诗天生就是直接的相反，坎巴纳（他在诗中表述了他的诗学）支持一种二元论和双语体（diglossia），对他来说，后者构成了诗的经验：记忆和直接，文字和声音，思想和在场。诗永远分裂在一种思的不可能性（"我没想，我没想你；我从没想你"）和"只能思"的状态（un poter soltanto pensare）之间，分裂在对当下的完美的、充满爱的依附中回忆的无能，和恰恰是在这种爱的不可能性中出现的记忆之间，而这个内里的分歧，就是听写。和马赛的福尔盖（Folchetto）③一样，诗人在歌中想起了他只希望在歌中忘记的东西；或者说——这是一种极乐——他在

---

① 拉丁语的 *cōpula* 的俗语形式，原意为"纽带""联结"，引申为"对句""诗节""民歌"。——译注
② 迪诺·坎巴纳（Dino Campana, 1885—1932），意大利诗人。——译注
③ 马赛的福尔盖（Folchetto，或 Folquet de Marseilles，约 1150—1231），游吟诗人。——译注

歌中忘记了他只希望在歌中记忆的东西。

这就是为什么抒情诗——抒情诗是坚持这个听写的独一诗体——必然是空洞的；它永远定在永远已经落幕的一天的边缘；它严格来说，没有东西要说也不叙述什么。但多亏了诗的词这个在开端的冷静、精疲力尽的栖居，某种类似于活生生的经验的东西（叙事者会把它当作自己故事的素材来收集）第一次形成了。

这就是为什么在记忆之书中，贝雅特丽齐的踪迹形成了一个"新生"；这就是为什么关于巴斯克女人的记忆的记忆——德尔菲尼就是这样定义他极长的 *razo* 的——是一部自传。

真理的理念

舒勒姆曾经写过，在《光明篇》头几页提出的、构成一切神秘主义者都要学习的最后一课的那个表述——至高的知识没有对象——中，有某种无限令人悲伤的东西。在《光明篇》的这几页中，疑问代词"什么？"[*Che*？（Mah）]站在知识的终极极限上，在这个极限之外，其他任何回应都是不可能的："当一个人提问，并力图一步一步地看到和理解到底的时候，最终他抵达的，是**什么**？，也就是说：你理解了**什么**？你看到了**什么**？你寻找的是**什么**？但一切依然是看不透的，就像在开头那样。"不过，根据《光明篇》，还有一个疑问代词甚至更加内向、更加晦涩，这个疑问代词标志着诸天的上限；这个疑问代词就是"**谁**？"[*Chi*？（Mi）]。如果说，**什么**？是问**什么东西**（中世纪哲学的 *quid*）的问题的话，那么，**谁**？就是问名字的问题："那看不透的，先民，创造了它。而**谁**？是他？他是**谁**？……因为他既是问题的对象，又是那不可揭露的和那隐藏的，所以，他被称为**谁**？。在他之外，就再无问题了……存在的与非存在的，看不透的和被关在名字里的，他除**谁**？——一种被揭露、被命名的渴望——外别无名字。"

  在抵达**谁**？的极限的时候，这点就变得明确了：思想不再有对象；它经验到最终的对象的缺席。不过，这并不令人悲伤；或者，更确切地说，只是对那种把一个问题错当为另一个问题，在不但不再有答案，也不再有任何问题的地方继续追问**什么**？的探索来说，它才令人悲伤。要是最终的知识还有对象的形式（即依然以对象的形式出现），那才是真正令人悲伤的。确切来说，把我们从万物不可弥补的悲伤中拯救出来的，正是知识的最终对象的缺席。一切可以被放进一种对象化的话语中的最终真理，就算看起来令人满意，也必然是一种厄运，可以说，是我们注定要承受的真理的诅咒。朝这个真理的定义性的封闭移动，是所有历史的语言的一个倾向。哲学与诗都执拗地反对它,但同时,它也支撑着哲学与诗的不可避免的死亡。真理——根据柏拉图一个的 oros(定义),即为灵魂所专有的敞开——把自己塑造为一种事物的最终的、永恒不变的状态,塑造为一种命运。

也正是从这个想法出发,尼采试图通过永恒回归的理念,通过在那个最糟糕的时刻——此时,真理看起来把自己永远地封存在一个物的世界中——说出的"是",来拯救自己。实际上,永恒回归是一个终极之物,但同时也是一个终极之物的不可能性。把自己封存在一个物的状态中的真理的永恒重复,因为它是重复,所以,类似地,它也就是这样一种封闭的不可能性。或者,用尼采至高的表述来说,它是:对命运之爱(*l'amore del fato*)。

这个命运与记忆之间的怪异妥协[通过这个妥协,只能是记忆的对象的东西(原物的回归)每一次都被当作命运来把握],是我们的时代不能面对的那个真理的扭曲意象。因为灵魂的敞开——真理——既不对一种无限的命运开放,也不把自己封存进某种事态的永恒重复之中,而是相反,通过在一个名字中敞开自己,只说明物,但同时又通过把自己关进物,坚持表象并回忆名字。这个礼物与记忆之间,无对象的开放与只能是对象的东西之间的艰难的交错,就是那个根据《光明篇》的作者所言,只有人能居住其中的真理:"**谁**?是天的最高上限;**什么**?是最低下限。雅各同时继承了二者:

他从一个极限逃向另一个极限,从一开始的**谁**?的极限逃向最后的**什么**?的极限,他使自己停留在中间。"

缪斯的理念

在勒托尔,海德格尔在高树荫蔽的一个花园里上他的研讨课。不过,时不时地,我们会离开村庄,朝图丛(Thouzon)或勒邦盖(Rebanquet)的方向走去,在一片橄榄树林中的一个小木屋里上课。有一天,在研讨课接近尾声的时候,学生们围住海德格尔,对他提问,而海德格尔只是评论说:"你们可以看到我的极限;我却不能。"几年后,他写道,思想家的伟大是通过他对自己内在极限的忠诚来衡量的,不知道这个极限——不知道它是因为它近乎不可说——是存在在罕见的时候,能够制作的、秘密的礼物。

维持一种隐藏,才会有揭露,维持一种遗忘,才会有记忆:这就是灵感,就是使人、词和思想相互一致的缪斯的狂喜。思想只有迷失在这种潜伏中,只有在它不再看到它的物的情况下,才接近物。在思想中被听写的就是这个:辩证的隐藏/揭露、遗忘/记忆,如此,词才能到来,才能不仅仅为主体所操纵(显然,我不可能给自己灵感)。

但这个隐藏,也是这样一个冥域之核,在它周围,性格的和命运的晦涩加深了;不被说出的东西,在思想中生长,使之突然陷入疯狂。这位大师看不到的,是他自己的真理:他的极限就是他之始(principio)。不被看见的、不被暴露的真理沉向它的西方;它把自己关进自己的 Amente①。

一个哲学家,为这样或那样的妥协,而落入这种或那种形式的明显的不一致,是不可设想的:他本人可能已经意识到了这个不一致。但他没有意识到的,是这样一种可能性,即,这个表面上的不一致,可能深刻地植根于对他之始的不充分的暴露。因此,如果一个哲学家真的诉诸某种妥协的话,那么,他的追随者必须在他的意识内向的、本质的内容的基础上解释那个对他来说以深奥的意识的形式出现的东西。

对始的不充分的暴露,把始构造为缪斯所在的极限,构造为灵感。但是,为了写作,大师不得不抑制灵感,与之妥协;被灵感占据的诗人是没有作品的。这种把思想拉出西方的阴影的对灵感的封锁,就是对缪斯即理念的暴露。

---

① 埃及人对灵魂死后居所的称呼。——英译注

爱的理念

与一个陌生人亲密地生活，不为接近他、使他成为已知，而是为了使他保持陌生、遥远，的确，使他保持不显露——如此地不显露，以至于他的名字就包含了他的全部。并且，即便不适，也日复一日地只做开放之地、永恒的光，让那一个，那物，永远在那里被暴露、被封锁。

学习的理念

塔木德的意思就是学习。在巴比伦之囚期间，在圣殿被毁、被禁止宰牲献祭的情况下，犹太人把对他们的认同的维持，寄托在学习而不是崇拜上。的确，"托拉"最初的意思也不是律法，而是教导；而甚至"密释纳"——全套的拉比的律法——这个术语，也源自一个核心义是"重复"的词根。在居鲁士的法令允许犹太人回归巴勒斯坦的时候，圣殿得到了重建，但到这个时候，流亡的虔诚已经给以色列的宗教留下了永久的印记。除那一座圣殿（宰牲献祭是在那里进行的）外，还出现了许多会堂，即集会和祷告之地；而法利赛人和经师，即有经人和学习之人不断增加的影响力,也压倒了祭司的支配地位。公元70年,罗马军团再次摧毁了圣殿。但博学的拉比约卡南·本-萨卡(Joahannah ben-Zakkaj)秘密地突破重围逃出了耶路撒冷,并得到皇帝维斯佩基安的允许,在亚麦尼亚城继续传授托拉。从此以后,圣殿再也没有得到重建,而学习,即塔木德,则成了以色列实际的圣殿。

因此,在犹太教的遗产中,也有这样一种对学习的救赎性的极端化,这样的极端化,是为一种不参与崇拜,而把崇拜变成一个学习对象的宗教所专有的。因此,在一切传统中都受尊重的学者形象,获得了一种不为异教世界所知的弥赛亚的意味:因为学者的形象与救赎有关,所以,学者追求的目标,也就变成了为义人寻求拯救。

但这也使学者的形象变得矛盾,造成了它内部的张力。实际上,学习本就是永无止境的。那些熟悉在书海徜徉的漫长时光——在这个时候,每一个片段、每一个抄本、每一次最初的邂逅看起来都开启了一条全新的路,但在下一次邂逅时又被立刻抛到了一边——的人,或那些经验过"好邻居法则"〔瓦尔堡(Warburg)就是按这个法则来安排他的图书馆的〕迷宫般的暗示的人,是知道这点的:学习不但没有公义的终点,它甚至都不想要终结。在这里,*studium* 这个词的词源变得清楚了。我们可以把它追溯到词根 *st-* 或 *sp-*,这个词根指的是撞击、冲击带来的震撼。在这个意义上,学习与惊呆相似——那些学习的人,处于这样的人的状态:他们受到冲击,被冲击他们的东西惊呆,不能把握那个东西,同时又无力放手。也就是说,学者永远是"呆的"。但如果说他被震惊和吸引住了,如果说学习因此而本质上是一种承受和一种经受的话,那么,学习包含的弥赛亚的遗产又驱使他不断地走向封闭。这种**慢慢地快进**(*festina lente*),这种在迷惑与清醒之间、得与失之间、能动与忍耐之间的频繁往复,就是学习的韵律。

没有什么比被亚里士多德定义为"潜能",拿来同行动对照的那个境况和它(学习)更像了。潜能一方面是被动的潜能,被动性,一种纯粹的和实际上是无限的经受;另一方面,又是主动的潜能,一种不受阻挡而从事的驱力,一种行动的冲动。这就是为什么斐洛把习得的智慧比作撒拉,她因为自己不孕而敦促亚伯拉罕与她的婢女夏甲交合,也就是说,与学习交合。但一旦受孕,学习就回到了它的女主人撒拉手中。① 柏拉图在他的第七封信中,用一个与学习(σπουδάξω)有关的词,来指他与他最关心的东西之间的关系:只有在对名称、定义和知识进行一个长期的、好学的糅合之后,火花才会进入心智,在点燃心智的同时,标志着从经受向从事的

---

① 斐洛认为撒拉象征美德,夏甲则象征准备阶段对语法、历史、音乐、几何、修辞和辩证的学习,这个学习使人做好获得最纯粹的美德的准备,因此,学习是美德的婢女。——译注

过渡。

这也解释了学者的悲伤：没有什么比长期居留在潜能中更苦的了。没有什么，比**语文学的忧郁**（*melancholia philologica*）——帕斯夸利（Pasquali）①假装从蒙森②的遗嘱中抄录了这个表述，把它解释为对自己作为学者的存在谜一般的总结——更好地展示了对行动无休止的延迟可能引出多么愁闷的忧郁。

学习的终点可能永远不会来——而且，在这里，作品永远被困于零碎的或笔记的阶段——它也不会与死亡的时刻重合，在那个时刻，那看似完成了的作品的东西，会把自己揭示为纯粹的学习。对圣托马斯来说就是这样的，他在去世前不久，对他的朋友里纳尔③透露："我的写作的终点要来了，因为现在对我揭示的物，使我写过和教过的一切看起来愚蠢，所以我希望，随着学习的终点的到来，生命的终点在不久之后也会到来。"

但在我们的文化中，学习的最近、最具范例性的化身，既不是大哲学家，也不是被视为圣人的博士，而毋宁说是学生，就像在卡夫卡或瓦尔泽的特定小说中出现的学生那样。这

---

① 吉奥乔·帕斯夸利（Giorgio Pasquali, 1885—1952），意大利古典学者。——译注
② 忒奥多尔·蒙森（Theodor Mommsen, 1817—1903），德国古典学者。——译注
③ 即皮佩尔诺的雷吉纳德（Reginald of Piperno, 约 1230—1290）。——译注

个学生的原型,发生在麦尔维尔的那个坐在屋顶很低的房间里,"像墓碑一样立在所有事物之中",肘杵着膝盖,手托着脑袋的学生身上。而这个学生最极端的例子,则是巴特比,那个停止抄写的抄写员。在这里,弥赛亚的张力被反转了,或者,更确切地说,这个张力超出了自身。巴特比的姿势是一种不先于它而是跟随它的行动,把它的行动永远地留在了身后的潜能的姿势;是不仅放弃了重建圣殿,甚至忘记了圣殿的塔木德的姿势。在这点上,学习摆脱了损毁它的悲伤,并回归它最真实的本性:不是工作,而是灵感,是灵魂的自我滋养。

不可记忆者的理念

有时,在我们醒来的时候,我们知道,我们在梦中看到了真理,我们看得如此清晰,以至于完全为之感到满意。在梦中,也许,我们被展示了一串笔迹,这些文字突然揭示了我们的存在的秘密;或者,也许,我们看到了一个词——它与一个蛮横的姿势相伴,或在儿童歌唱般的声音中重复——这个词在电光火石间点亮了阴影的全貌,把一切被重新找到和确定的细节还原到它原来的位置。

可一旦醒来,就算我们还能清晰地想起梦中的意象,那串笔迹和那个词也已经失去了真理的力量。我们悲伤地抚摸它们,魔力散去了,我们不能再搜集它们预言性的意义。我们的确做了那个梦,但本质莫名其妙地缺失了,被埋进了一块我们在醒来后不再能够进入的土地。

我们很少会快到足以说出对我们来说应该完全是显而易见的东西,于是我们徒劳地相信,梦的秘密在于别的某个地方或其他的某个时候;但实际上,对我们来说,梦完整地存在于我们醒来时,它在我们心中闪现的那个时刻。给我们梦的那同一个记忆,也给了我们那个使梦残缺的缺席:它是一个同时包含二者的姿势。

类似的事情,也发生在非自主记忆中。在这里,给我们带回被遗忘之物的记忆本身就遗忘了那个物,而且这个遗忘就是照亮回忆的光。不过,记忆的渴望的重负也就来源于此:一个哀悼的音符在每个人的记忆深处如此持久地震动,以至于,在极限上,什么也记不起来的记忆,才是最强的记忆。

与在这个梦的、记忆的两难中看到某种局限或缺陷相反,我们应该如实地承认这个两难:它就是一个关于意识本身的结构的先知预言。不是说,我们经验,然后遗忘的东西现在以不完美的方式回归意识了,而毋宁是说,我们进入了那个从未存在过的点,我们进入了作为意识之家的遗忘。这就是为什么我们的幸福沉湎于渴望:意识在自身中包含着对无意识的暗示，而那个暗示，确切来说正是使意识完满的东西。这意味着，在最后，所有的注意力都会转向无思（sva-gatezza)，以及，思想，在其顶峰，只会是一阵颤抖。梦和记忆把生命浸入词的龙血，并以这样的方式，使生命对记忆来说无懈可击。从一段记忆向另一段记忆跳跃，自己却永远不被想起的不可记忆者，确切来说，就是那不可遗忘者。这个不可遗忘的遗忘就是语言，人的词。

所以，梦用它自己的缺失来表述的许诺，是一种对明晰性的许诺，这个许诺是如此之强力，以至于它可以把我们交还给无思：一种如此完全地得到实现，以至于能够把我们送回幼儿期的语言的无思，和一种如此至高无上，以至于可以把自己理解为不可理解的理性的无思。

II

权力的理念

也许，只有在快乐中，那两个作为亚里士多德天才发明的范畴，潜能和行动，才会丢掉它们迄今为止一直固定不变的不透明，而在一瞬间变得透明。快乐——就像亚里士多德在献给他儿子尼各马可的那部专论中写的那样——是这样的东西，它的形式在每个瞬间都是实现了的，它永远在发生。从这个定义可以得出，潜能与快乐相反。潜能是未曾被执行的东西，是未曾实现其目的的东西。一言以蔽之，潜能就是痛苦。而根据亚里士多德的定义，如果快乐永远不会在时间中发生的话，那么，潜能就必然在本质上是时间的绵延（durata）了。这些思考阐明了权力①与潜能之间的隐藏关

---

① 潜能（potenza）和权力（potere）词根相同，都源于希腊语的 δύναμις。——德译注

联。事实上，在潜能向行动过渡的那个瞬间，潜能的痛苦也就消失了。但到处——甚至在我们自己身上也有——都有各种各样的力（forze）迫使潜能推迟行动，停留在其自身之中。权力便基于这些力；权力是使潜能脱离行动的对潜能的孤立，权力是对潜能的组织。权力的权威，就是建立在这种对痛苦的收集上的，严格来说，权力使人的快乐得不到实现。

不过，这样一来，失去的与其说是快乐，不如说是潜能及其痛苦的意义本身。在无限推迟行动的同时，潜能也沦为梦的猎物，并引起了关于它自己和快乐的最可怕的误解。它反转了手段与目的之间、研究与报告之间的关系，并把最大的痛苦——无限权力——错当成最大的完满。但只有作为潜能的目的，作为绝对的无权力，快乐才是属人的和无辜的；只有作为隐晦地预示自己的危机、自己的救赎的审判的张力，痛苦才是可接受的。在完成了的作品中，和在快乐中一样，人终于享受到了他自己的无权力。

共产主义的理念

在色情片中，无阶级社会的乌托邦，通过对那些在性行为中区分各阶级及其变形的特征的粗俗的滑稽描述，展示了自己。在其他地方，甚至在狂欢节的假面舞会中，你都找不

« J'en veux, je te dis. »

到如此执拗的对着装上的阶级标识的坚持——但这个坚持，又发生在这样的时刻：这时，情景以最不适当的方式侵越了这些标识，并使之无效。女仆的浆过的帽子和围裙，工人的工装服，管家的白手套和条纹马甲，以及最近的，甚至是护士的工作服和半面罩，所有这些，都在这个时刻，庆祝了它们的神化：此时，它们像奇怪的护身符一样放在不可分割地交织缠绵在一起的裸体上，仿佛吹响了末日的号角——在末日，它们将显现为一个我们现在还几乎无法瞥见的共同体的象征。

在古代世界，唯一与之相似的东西，是各种对人与众神之间的爱欲关系的再现，对衰落中的古典艺术来说，这些再现是一个取之不尽、用之不竭的灵感来源。在与神的性结合中，被压倒的、快乐的凡人，突然取消了把他和属天的众神分开的那个无限的距离；但同时，这个距离又在神的动物变形中再次（尽管是反向地）建立起来。把欧罗巴夺走的公牛老实的口鼻，悬在丽达脸上的天鹅的尖喙——这些都是一种如此亲密和英勇，以至于叫人难以容忍（不过这种不可容忍只是片刻的）的乱交的符号。

如果我们寻找色情片的真理内容的话，那么，它立刻就会向我们展示它对幸福的缺乏艺术性的、没有趣味的要求。这种幸福的本质特征在于，它可以在任何时间、任何地点发生：无论一开始的情景是什么，它必然，不可避免地，以性关系而告终。假如有这样一部色情片，出于不幸，上述的情况没有发生,那么,它也许会是一部杰作,但这样一来,它也就不会是色情片了。在这个意义上说,脱衣舞是一切色情片情节的模型。它们总是毫无例外地从老情景中、从穿着衣服的人开始,唯一无法预见的,是何以他们必须来这里会面,并最终把衣服脱光。(就此而言,色情片严格遵循伟大的古典文学的规则:不能有惊奇的空间,而创作者的才华,则表现在对一个神话主题的几乎觉察不到的改变上。)在这里,色情片的第二个本质特征显露出来了:色情片展示的幸福,永远是逸闻趣事的,永远是一个故事,永远是一个被抓住的时刻,而绝不会是一种自然的境况,或被视为当然。自然主义[1](它只是除去了衣服)一直是色情片的最不留情面的对手,就像没有性行为的色情片毫无意义一样,对人的自然性行为的简单、静止不动的展示也很难说是色情片。

  展示在日常生活的每一个微不足道的时刻中,只要有人类社会,就有幸福的潜能:这是色情片的政治正当性的永恒来源。但它的真理内容[这个内容使色情片和世纪末(fine secolo)的纪念碑性艺术中充斥的裸体对立起来]是:色情片不把日常生活的世界拔高到快乐的永恒天堂,相反,它展示一切快乐的不可救药的插曲特征——一切"普世"内部的无目标性。这就是为什么只有在再现女人的、只写在她的脸上

---

[1] 德译本译作了 Nudissmus,意为"裸体主义""天体主义"。——译注

的快乐的时候,色情片才实现了它的意图。

如果反过来,我们观看的色情片中的角色可能是我们的生活的观看者的话,那么,他们会说什么?我们的梦看不到我们——这是乌托邦的悲剧。在这里,角色与读者之间的交流——对所有的阅读来说的一个好规则——也应该起作用。不过在这里,重要的与其说是我们学着亲历我们的梦,不如说是他们学着阅读我们的生活。

"因此,看起来,世界在很长很长一段时间里一直占有着关于这样一个东西的梦:为了真正占有这个东西,它必须只占有意识。"好吧——但梦如何被占有,它们又被保存在哪里呢?自然,这里的问题不在于实现什么;没有什么比一个实现了他自己的梦的人更无聊了:这是色情片的没有趣味的民主热情。但问题也不在于保全理想——将在来临中的事物上土崩瓦解的理想小心翼翼地放进雪花石膏的房间里,用茉莉和玫瑰围起来,不让任何人触碰它:这是做梦者的秘密的犬儒。

巴兹伦[①]说:我们梦想的东西,是我们已经有了的东西——很久以前就已经有了,久到我们甚至都不记得了。因

[①] 罗伯托·巴兹伦(Roberto Bazlen, 1902—1965),意大利作家、文学批评家。——译注

此，不是在过去——我们没有任何记录。相反，人的未完成的梦想和欲望，是已经准备好在末日醒来的耐心等待复活的肢体。它们不是被封在珍贵的陵墓中沉睡，而是像活的星星一样，被固定在语言最远方的天幕上，我们几乎没法辨认出它们的星座。这，至少，不是我们梦想出来的。而认识怎样把握这些从人的永远不被梦见的苍穹上坠落的星星，就是共产主义的任务。

政治的理念

　　根据神学，一个造物可能受到的最大惩罚，真正无法补救的惩罚，不是上帝的谴怒，而是上帝的遗忘。事实上，上帝的谴怒，和上帝的仁慈的材质是一样的，但如果我们的邪恶超过了尺度，那么，甚至上帝的谴怒也会抛弃我们。"看那可怕的情况，"奥利金写道，"那极端的情况，在这个情况下，我们不再因为我们的罪而受到惩罚——当我们超越了邪恶的尺度时，忌邪的上帝会收走他对我们的热情。'我的忌邪'，他说，'会抛弃你们，我会不再为你们而发怒。'"

　　这个抛弃，这个神的遗忘，超越了一切惩罚，是最极致的报复；信仰者害怕它，因为它是唯一一种不可补救的惩罚，在它面前，信仰者的思想在恐惧中退却：的确，你怎么可能思考甚至神的全知也一无所知的东西，被永久地从上帝心中抹除的东西呢？在谈到遭遇这样的抛弃的人的时候，贝尔纳诺斯①说他"既没有被宽恕也没有被谴咒，注意：他迷途了"（non pas absous ni condamné, notez bien：perdu）。

然而，有一种情况，能让这个境况看起来不再是灾难性的，并获得它自己独特的幸福，那就是未受洗的孩子的情况，他只带着原罪死去，没有任何其他过失，他永远居住在地狱边缘，与痴呆的人和公义的异教徒相伴。**受罚最轻的是孩子，他只有原罪**。（*Mitissima est poena puerorum, qui cum solo originali decedunt.*）②Limbo，那个地狱的永恒边缘的惩罚，根据神学家的说法，不是带来痛苦的痛苦，那里没有火焰也没有折磨：它只是一种剥夺性的痛苦，即，永远见不到上帝。但是，与被罚入地狱的灵魂不一样，地狱边缘的居民不会为这个缺乏而感到痛苦：因为他们只有自然的知识，而没有超自然的知识，后者是通过施洗来灌注的。他们不知道他们得不到至高的好，或者说，如果他们知道的话（另一种意见

---

① 乔治·贝尔纳诺斯（Georges Bernanos, 1888—1948），法国作家、天主教徒。——译注

② 见阿奎那《神学大全》补编69题第6条，是对奥古斯丁《论信望爱手册：致劳伦修》第93章的引用，"当然，受刑罚最轻的是在与生俱来的原罪之上未添加自己的本罪的人"，参见奥古斯丁《论信望爱手册：致劳伦修》，载《论信望爱》，许一新译，生活·读书·新知三联书店，2009年，第94页。——译注

是这么认为的），那么，他们也不会为之而感到后悔，就像一个理性的人不会因为自己不能飞而感到痛苦那样。（而事实上，如果他们要为此而受苦的话，那也是因为他们是为一种他们不可能修补的能力而受苦，所以，他们的痛苦会让他们陷入绝望，就像被罚入地狱的灵魂那样，而这将是不义的。）而且，他们的身体，和那些有福的人一样，是不受苦难的，但这只是就神的正义而言：在其他方面，他们完全享受着他们的自然的完满。因此，最大的惩罚——见不到上帝——变成了自然的幸福：他们不知道，也永远不会知道上帝。于是，不可挽救地迷途的他们，却没有痛苦地居住在神的抛弃之中：不是上帝忘记了他们，而是他们永远记不起上帝，而在他们的遗忘面前，神的遗忘是无力的。和没有寄出去的信一样，这些复活的造物没有命运。他们既不像选民那样有福，又不像被罚入地狱的灵魂那样绝望，他们永远充满了一种没有结果的希望。

这个地狱边缘的性质就是麦尔维尔最反-悲剧的创造，巴特比（尽管从人的目光来看，没有什么命运比巴特比的命运更忧伤了）的秘密——而这也是巴特比的那句"我宁愿不"的根深蒂固的根源，在这句话面前，和神的理性一起，人的理性也粉碎了。

正义的理念

为卡洛·贝托奇①而作

被遗忘者想要什么？既不是记忆,也不是觉知,而是正义。然而,被遗忘者相信的正义,因其正义,又不可能给它被命名、被觉知的权利;正义的不可改变的命令,作为惩罚,只对健忘者和行刑者生效——关于被遗忘者,正义一言不发(正义不是复仇;它无仇可复)。它不管说什么,都会透露那个为了不被移交给记忆或语言,继续保持不可记忆和无名状态,而把自己托付给正义的东西。**因此,正义是对被遗忘者的传递**。对人来说,比记忆的传递更本质的,是遗忘的传递。每一天,遗忘都在他身后匿名地堆积,他既不可能消除,也不可能躲避遗忘。对每个人来说,以及对每个社会来说——对后者来说更是如此——这个遗忘堆是如此地巨大,以至于最完美的档案都很难说装得下它的一个碎片(这也就是为什么一切把历史设想为正义法庭的尝试都失败了)。

但这也是每个人都不可避免地要接受的唯一一个遗产。事实上,就在被遗忘者退出符号的语言、退出记忆的时候,正

---

① 卡洛·贝托奇(Carlo Betocchi, 1899—1986),意大利诗人、作家。——译注

义为人，且只为人而诞生了。它诞生了，它不是一种在沉默中传递或流传的话语，而是一种声音；不是某人自己手中的证据，而更像是一个传达的姿势或一个召命。在这个意义上说，人最古老的传统不是 logos（逻各斯，语言），而是 Dike（狄刻，正义）（或者更确切地说，二者在一开始的时候是不可区分的）。语言，作为一种自觉的历史记忆，只是我们在面对传递之艰难时的铤而走险。通过相信他们在传递一种语言，人实际上给了彼此声音；而在言说的时候，他们又把自己无宽免地交给了正义。

和平的理念

在礼仪改革重新引入和平礼（信众之间应互祝和平）的时候，这点——有些尴尬地——变得清晰了，那就是，信众是真的不知道和平礼是什么；因为无知，他们只好回到他们唯一熟悉的那个姿势。在一阵困惑之后，他们不大确信地握手。也就是说，他们的和平礼，是在市场和农村集市的讨价还价中，用来完成交易的那一个。

和平这个术语在一开始的时候指一个条约或一个协定，这点就写在它的词源中。但对拉丁语来说，指条约引出的那个状态的词不是 *pax*（和平，和谐），而是 *otium*（免于战事的时间,安宁),它在印欧语系的语言中究竟对应哪个词(希腊语的αὔσιος,空的;希腊语的αὔτως,徒劳的;哥特语的 *aupeis*,空的;冰岛语的 *aud*,荒漠)还不确定,这就使它指向这样一个语义场,这个语义场的目的性是空的和缺席的。因此,和平的姿势,可能只是一个纯粹的姿势,它没有意义,展示的也不过是"我的手没有活动(没有做什么动作),是空的(没有拿什么武器)"。事实上,这也是许多人互相之间表达问候的符号,也许,正因为如今握手只是一种表达问候的方式,所以,在祭司的要求下,信众才无意识地回归了这个平淡的姿势。

不过,真相是,不存在也不可能存在和平礼,因为真正的和平,只存在于这样的地方,在那里,所有符号都完成了、用完了。人与人之间的一切斗争,事实上都是为承认而进行的斗争,而在这样的斗争之后的和平,只是一种建立相互的、总是可撤销的承认的符号和条件的协定。这样的和平只是并且永远是一种国家间的、法律的和平,是来自战争也将在战争中结束的,在语言中对"对某个认同的承认"的虚构。

不是对有保证的符号或意象的诉求,而是这样一个事实,即我们不能在任何符号或意象中承认彼此:这才是和平——或者,如果你愿意这么说的话,这才是被圣方济一个了不起的寓言定义为"在非-承认中(夜行地、耐心地、无家地)逗留"的那种比和平更古老的极乐。和平是人的空到完美的天空;它是对作为人的唯一家园的非-表象的展示。

羞耻的理念

1. 古人既无卑劣感的经验,亦无偶然感的经验(在我们看来,说到底,偶然夺走了人的不幸所有的伟大)。当然,对古人来说,欢乐,像 ὕβρις(傲慢)一样可能在任何时刻,颠倒为它的反面,变成最苦的幻灭;但确切来说,就在这个时刻,悲剧,通过它的英雄封锁卑劣的一切可能性的拒绝介入了。在他的命运面前,船难是悲剧的,而绝不是悲惨的;他的不幸和幸福都不会流露出一丝一毫的卑鄙。同样真实的是,在喜剧中,悲剧展示出它荒谬的一面;不过,这个被众神和英雄抛弃的世界也不是一个卑劣的世界,相反,公正地说,这个世界是得体的:"在人真的是人的时候",米南德①的一个角色说,"他是多么地得体啊。"

在古人的世界里,人是在哲学中,而不是在喜剧中,遭遇到那种我们可以不强行引申地拿来和羞耻(那种让斯塔夫罗金②的信仰瘫痪,或让我们觉得与神话的乱交,或卡夫卡的宫廷和城堡的神话般的污秽相似的羞耻)比较的感觉最初和

---

① 米南德(Menandro,英译为 Menander,约前 342—约前 290),希腊剧作家。——译注
② 斯塔夫罗金(Nikolai Stavrogin),陀思妥耶夫斯基《群魔》中的人物。——译注

唯一的踪迹的。(在古代世界,污秽永远不可能是神话的:百折不挠的赫拉克勒斯清洗了奥革阿斯的牛厩,使自然之力服从于他的意志。不过,我们也永远不可能彻知我们的污秽,它在根源上总有一种神话学的残余。)奇怪的是,它(与羞耻相似的那种感觉)在巴门尼德的一段话中出现了,在那里,年轻的苏格拉底对伊利亚学派哲学家阐述他的理念理论。面对巴门尼德提出的这个问题——"头发、污物、泥巴和其他一切性质最恶劣、最令人不快的东西"的理念存不存在呢?——的时候,苏格拉底坦承,他觉得陷入了一阵眩晕:"我一想到这可以普世地延伸下去就感到痛苦不已。但一旦我心存这个想法,我就会立刻出于对因为堕入愚蠢的深渊而迷失的恐惧而逃避它……"但这只持续了片刻。"那是因为你还年轻,"巴门尼德回答说,"哲学还没有抓住你,我预言,有一天,它会的,那时你就不会再在任何这样的事物面前战栗了。"

在这里,重要的是,为思想(哪怕是片刻地)揭示卑劣带来的眩晕的,是一个形而上学的(说到底,是神学的)问题。上帝本身——天外的理念世界,巨匠造物主创造可感世界所依据的模型——呈现出对今天的我们来说是如此熟悉的那个令人厌恶的面容,在它面前,异教之人移开了他的目光,并感受到傲慢(αἰδώς),这个傲慢以如此伟力标志着古人的虔诚。上帝无需辩护：神是有理的(θεὸς ἀναίτιος)①,《理想国》中处女拉赫西斯的神谕就是这么说的。

不过，对现代人来说，神正论是必要的，但类似地，他也必然遭遇最悲惨的那种失败。上帝指控自己，并可以说是在他自己的神学粪便上打滚，单是这个，就给了我们的不安其确定无疑的品质。现在，我们的理性脚下的深渊，不是必然性的深渊，而是恶的偶然性和平庸的深渊。我们不可能因为偶然而负罪或清白：我们只能感到尴尬或羞耻，就像我们在街上踩到香蕉皮那样。我们的上帝是一个面带羞耻的上帝。但就像一切战栗都透露出一种与恶心的对象的隐秘团结那样，羞耻，也是一种人与自己闻所未闻、令人害怕的接近的索引。卑劣感是人在面对自己时最后的谦逊，就像偶然是那个隐藏(独属于人的原因对人的命运造成的越来越大的压力)的面具那样，现在，看起来，人的整个存在都是在偶然的符号下缓缓展开的。

2. 在卡夫卡的作品中只看到一个有罪的人，在一个变得疏远、遥远的上帝难以理解的权力面前的痛苦的总和，这是一种对卡夫卡作品的糟糕解读。相反，在这里，需要被拯救的，是上帝自己，而对卡夫卡的小说来说，我们可以想象的唯

---

① 这句的全文是"过错由选择者自己负责，与神无涉"，参见柏拉图：《理想国》，郭斌、张竹明译，商务印书馆，1986年，第422页。——译注

一幸福结局,是克拉姆、伯爵、匿名者,和被不加区分地全部塞进满是灰尘的走廊,或弯腰走在逼人的天花板下的那个由法官、律师和守卫组成的神学群众得到救赎。

卡夫卡的天才之处在于,把上帝放进了柜子——使碗碟间和阁楼成了**典范**的神学场所。但他的伟大之处——只在罕见的情况下,他的伟大才在他的角色的姿势中闪现——则在于,在某个点上,他决定放弃神正论,并忘记关于罪与无辜、自由与命运的老问题,以达到只把注意力集中在羞耻上的目的。

他面对的是这样一种人——世界范围的小布尔乔亚——他们被剥夺了一切经验,除了他们的羞耻,即人在内心最深处对自我的认识的纯粹的、空的形式。对这种人来说,唯一一种还可能的无辜将是,在冷漠中感到羞耻。害羞(Αἰδώς)对古人来说并不是一种令人尴尬的感觉;相反,面对羞耻,他就像赫拉克勒斯在赫卡柏赤裸的乳房面前那样,恢复了他的勇敢和虔诚。卡夫卡力图教人使用这个留给他们的唯一一个好东西:不是把自己从羞耻中解放出来,而是解放羞耻本身。这就是约瑟夫·K在他的整个审判期间努力要实现的,而在结尾他执拗地低头看行刑者的刀,是为了拯救他自己的羞耻,而不是他的无辜。"他的意思好像是,"我们在这个死亡的时刻读道,"他的羞耻会比他活得更久。"

只有通过这个任务,只有通过至少为人类拯救其羞耻,卡夫卡才恢复了某种类似于古代的极乐的东西。

时代的理念

隐含在颓废（decadenza）概念中的那个谎言最虚伪的一面，是迂腐——在抱怨平庸和衰落，并预言来临中的终点的时候——每一代人都用这个迂腐来记录他们的才能，并为他们的艺术与思想的新形式和时代倾向编目。在这个经常是怀有恶意的渺小算计中丢失的，确切来说，正是相较于过去，我们自己的时代可以合法地声称自己具有的那唯一一种无与伦比的高贵，那就是：**"不再想成为一个时代"的高贵**。如果说，我们的感受有一个特征值得幸存下去的话，那就是这种我们在面对仅仅是重新开始（哪怕是朝最好的方向）的一切的时候感觉到不耐烦和几乎是恶心的认识。在传统再次拉紧它古代的、臭名昭著的构造那暂时松弛的线索时，在新的艺术作品和新的行为与时尚潮流面前，我们心中有某种东西，让我们不能自制地因恐惧而战栗（甚至在我们本身是欣赏那些作品和潮流的时候）的东西。

确切来说，在我们的时代不惜一切代价成为一个时代（哪怕是不可能成为一个时代的时代，的确，也是虚无主义的年代）的盲目意志中丢失的，就是这个。诸如"后现代""新文艺复兴""超越形而上学的人"此类的概念，都透露出隐藏在一切关于颓废甚至是虚无主义的构想中的进步的种子。在一切场合中，本质的点不在于，错过了已经在这里的新时代，也不在于，要抵达那个新时代，或那个时代至少可能到来，它的迹象已经在我们的周围等待我们的破解。而没有什么比这样的把戏更可悲的了：在普遍的不适中，那些老谋深算的家伙，用这样的把戏，通过向他的同胞展示，这些迹象不过是新时代的幸福对他们来说暂时还不可辨认的象形文字，来抢走他们的苦难本身。另一方面，那些只会召唤人的终结之幻象的人，也不隐藏他们对一切无论如何也会一样持续下去的东西的怀旧。

就好像在这些选择之外，不存在唯一真正属人的和灵的可能性：这个可能性就是，在灭绝之后幸存，跃过时间的终点和各个历史时代，走向时代与历史的核心本身（而非未来或过去）的可能性。迄今为止我们所知道的历史，不过是它自己的不停的延迟罢了；只有在这样一个点上——在这个点上，历史的脉动停止了——我们才有把握被封存在历史中的机会的希望，在这个机会被透露/传递[①]给另一个历史-时代的停止之前。在我们执拗的给自己（一个）时代的努力中，我们丢失了这个礼物的意义，就像在不断地插话时，我们丢失

---

① 意大利语的 tradita 有"透露"和"传递"的双重含义。——英译注

了语言的理由本身那样。

这就是为什么我们不想要新的艺术作品或思想；也不想要另一个文化和社会的时代；我们想要的，是把时代和社会从它们在传统中的徘徊中拯救出来，把握它们之中包含的**善的**——不可延迟的和非-时代的——东西。执行这个任务，将是符合这个时刻的唯一的伦理学、唯一的政治。

音乐的理念

与当前对当下时代的概念分析的过剩相对的，是一种独特的在现象学描述上的贫乏。事实上，还保有对（我们的）年代的感受的哲学和文学著作寥寥无几（它们大多还是在 1915 年至 1930 年间写的），而最近的对我们心智与心灵状态的有说服力的描述，也来自五十多年前。确实，在二战后，法国存在主义（以及其后是五十年代晚期的欧洲电影）尝试了一种流行的对人的基本情绪的再评估；但同样确实的是，这个努力已经——几乎是在一夜之间——变得乏味和过时了。萨特的恶心和加缪阴郁的荒谬，并没有在海德格尔在《存在与时间》中对畏和其他 *Stimmungen*（情绪，情调）的描绘上增加什么。而如果我们想为我们的疏离和社会的悲惨寻找一个意象的话,我们还得去《存在与时间》里对日常生活的描述,或约瑟夫·罗特①的小说,或本雅明的《德国通货膨胀之旅》的断续发热的记号中寻找。至于爱的现象学,没人能在《追寻逝去的时光》[它是爱的**希波克拉底面容**(*facies hippocratica*)的特征最后一次被固定的地方]上再增加多少东西了;羞耻和乱交也再找不到卡夫卡小说那种史诗般的简练生动了。

甚至超现实主义——它无疑是及时地着手重绘对时代的感受的地图——也没有成功。超现实主义的氛围,及其兰波式的劣物与不和的联想,在今天也和本雅明在它在巴黎**拱廊**的原型中注意到的那种有些琐碎的拟古主义一个调调;而就算它还有什么意义,那也不是因为它塑造了时代的品味,而是因为它暴露了现代感受本质上的乌托邦特征。

如果感受是斯芬克斯,一切历史时代都必须在它面前衡量自己的话,那么,我们的时代必须解决的谜题,就是在被一战的阴霾笼罩的巴黎、在大通胀时期的德国或在帝国没落时的布拉格得到表述的那一个谜题。这不是说,在那以后就没有有价值的哲学或文学作品了——而只是说,在那以后出现的哲学和文学作品,不包含这种对时代的新情感的发明了。在这些作品不把自己局限在重访过去,或耐心地记录细微差

---

① 约瑟夫·罗特(Joseph Roth,1894—1939),奥地利记者、小说家。——译注

异上的时候，它们的伟大之处，确切来说就在于它们坚决地拒绝一切情态的那个大胆的姿势。① 在欧洲，大约在1930年的时候，对 Stimmungen 的记录、对灵魂的这种沉默的音乐的转录，永远结束了。

对这个现象的一个可能的解释（和所有解释一样，它也不能令人满意）是，在同一时候，一开始是极限的那种东西，即智识经验的经验，变成了大众的经验。现在，在思想的最陡峭的顶峰（在这里，"无"露出它没有表情的面具），哲学家和诗人发现自己与没完没了的、全球的大众相伴。大众的 Stimmung 是不可记录的音乐：它只是喧闹。

更确凿的是，私人经验和私人生活的权威令人眩晕的丧失。就像我们不再相信氛围，就像今天没有一个有智力的人会想在家具或着装风格上留下自己的印记那样，我们也不再从装饰我们的灵魂的情绪那里预期什么。隐含在痛苦和绝望中的辩证的反转能力，疗伤（τρώσας ἰάσεται）②和治愈的许诺——对海德格尔来说，它们还是时代的最后希望的守护者——如今也失去了它们的特权。倒不是说，经验痛苦的辩

---

① 这里用的是德译本的译法，英译本则译为"它们的伟大之处确切来说就在于那种清醒：它们清醒地把心态的问题放到一边"。——译注
② τρώσας ἰάσεται，字面意思是"只有造成伤口的人才能治愈伤口"，类似于解铃还须系铃人，是毒药也是解药。这个短语出自《伊利亚德》，"治伤还须刺伤人"，指忒勒福斯在被阿喀琉斯刺伤后伤口一直无法愈合，直到阿喀琉斯用枪锈给他治疗。瓦格纳在《帕西法尔》中也用过这个表达。阿多诺在《否定辩证法》中也从瓦格纳那里引用过这个说法，他说："认识就是一种'疗伤'。"参见阿多诺：《否定辩证法》，王凤才译，商务印书馆，2019年，第62页。——译注

Von der alten Fischfrau

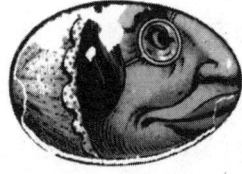

Hoch der Feuerwehrmann

Vom lustigen Hanswurst

Emma und die Osterhasen —

Vom Hans Jacob —

证极化不再可能了，真有这样的欲望的人当然可以感觉到情绪的宣泄力量；而是说，我们不再梦想提出一个经验——更不梦想提出一种经验——以之为宣告权威的基础了。

我们的感受，我们的情绪，不再对我们许诺。它们在我们身边赖活着，壮丽而无用，就像家养的宠物一样。而的确，我们时代的勇气（在这个勇气面前，我们时代不完美的虚无主义持续地后退）就在于承认，我们不再有情绪，我们是第一批不与 Stimmung 调谐的人，可以说，也是第一批绝对非-音乐的人：没有 Stimmung，也即，没有召命。这不像一些卑鄙的造物想让我们相信的那样，是一个幸福的境况；它甚至不是一个境况，如果说一切境况都是一种以某种方式布置和提供一个命运的方式的话。但这是我们的处境，我们的破旧的 sito（所在的地点），在这里，我们发现自己被一切召命和一切命运——在这里，它们得到了前所未有的暴露——无条件地抛弃了。

而如果情绪之于个体的历史，就像时代之于人类的历史的话，那么，在我们的冷漠的阴郁之光中显露的，就是人类历史上一个绝对非-时代的情景从未有人看见过的天空。在这里，对在每一个时代和每一个命运中一直不被说出的存在和语言的去蔽，也许真要结束了。人的灵魂失去了它的音乐——这里的音乐指的是，灵魂中对起源的不可企及性的编谱。在被剥夺了时代，破旧不堪，和没有命运的情况下，我们抵达了我们在时间中非音乐栖居的极乐阈限。我们的词真正抵达了开端。

幸福的理念

致吉尼弗拉①

在每一种生活中都有某种没有被生活过的东西,就像在每一个词里都有某种没有得到表达的东西。性格是充当这部分没有被触及的生活的看守的晦暗力量:它小心翼翼地看护着未曾有过的东西,并在你不想要的情况下,把它的踪迹写在你的脸上。这就是为什么新生的婴儿看起来就已经像成年人了:事实上,两张脸,除在这张脸上的和那张脸上的没有被生活过的东西外,没有任何共同之处。

性格的喜剧:在死亡从性格手中夺走它顽固地隐藏的东西的时候,它抓住的,不过是一张面具。在这点上,性格消失了:在死者脸上,不再有未曾被生活过的东西的任何踪迹了;性格刻下的皱纹拉平了。于是,死亡被捉弄了;它既没有眼睛,也没有手来觊觎性格的财宝。这个财宝——未曾有过的东西——被幸福的理念接过去了。人类从性格手中接到的,

---

① 吉尼弗拉·邦皮亚尼(Ginevra Bompiani, 1939—),意大利作家、编辑、译者和散文家。——译注

则是"善"(il bene)。

幼儿期的理念

在墨西哥的淡水湖里生活着一种白化蝾螈，有一阵子，这个物种吸引了动物学家和研究动物演化的学者的注意。那些有机会在水族馆中观察过这种蝾螈的人，会为它的幼儿的、几近于胎儿的外表而感到震惊。它相对巨大的脑袋，没入了它的身体，它的皮肤是乳白色的，在口鼻上和持续活动的鳃周围隐约有灰色的和鲜艳的蓝色、粉色的花纹；它的细足前端是花瓣形的肉掌。

起初墨西哥钝口螈被分类为一个终生维持一些两栖动物的幼体阶段特有的典型特征（比如用鳃呼吸和水生环境）的独特物种。尽管有着幼体的外表，但它完全具有繁殖能力这个事实，无疑证明了它是一个自主的物种。直到后来，一系列的实验才表明，在这个小蝾螈身上施用甲状腺激素，就能引发两栖动物的正常的变态。于是，它失去了它的鳃，并且，在发展肺呼吸的同时，它也结束了它的水生生活，并发展成虎纹钝口螈(Ambystoma tigrinum)的成年实例。这些环境可能诱使人们把墨西哥钝口螈分类为演化的退化的一个案例，分类为在为生存而进行的斗争的一次失败，这个失败使蝾螈放弃了它的存在的陆生部分，并无限地延长了它的幼体状态。但近来，恰恰是这种执拗的幼体主义（幼体性熟或幼态持续），提供了一把新的、理解人类演化的钥匙。

现在，人们认为，人不是从个体的成年体，而是从灵长类动物的幼体（就像墨西哥钝口螈那样，这个幼体早熟地获得了生殖能力）演化而来的。这将解释人那些形态学上的特征，从枕骨腔的位置到耳郭的形状，从无毛发的皮肤到手脚的结构，这些特征与成年的类人猿不一致，却符合类人猿胎儿的特征。在灵长类动物身上是暂时性的特征，在人身上变成了最终的结果，这因此而以某种方式，在血与骨中，形成了一个永恒的孩童。不过，更重要的是，这个假设还支持一种新的、理解语言和体外传统的整个领域［后者比任何基因印记都更称得上是**智人**（homo sapiens）的特征，但直到现在，科学看起来都还在本质上缺乏理解它的能力］的进路。

让我们试着想象一个幼儿，和墨西哥钝口螈不一样，它不仅维持了它的幼体环境，保留了它不成熟的形式，而且，可以说，它还如此彻底地被抛给了它自己的幼儿状态，它的细胞的特化程度是如此之低而全能性是如此之高，以至于它为了坚持它的不成熟和无助，而拒绝一切特定的命运和一切确定的环境。动物不关心它们不被铭写在其生殖腺中的体细胞的可能性;与人们可能的想法相反,它们才一点儿也不关注这个必死的东西(体细胞是每个个体身上无论如何注定要死的东西)呢,它们只发展固定在基因代码中的那些无限可重复的可能性。它们只注意**规律**——只注意被写(在基因里)的东西。

另一方面,幼态持续的幼儿,则会发现自己处于这样的境况:他有能力注意未被写下的东西、任意的和不被编码的体细胞的可能性;在他的幼儿的全能性中,他会狂喜地被压倒,被抛出自己——不像其他生物那样被抛入一个特定的冒险或环境,而是第一次,被抛入一个**世界**。他会真的聆听存在。他的声音依然不受一切基因的成规的束缚,并且他绝对无物可说或表达,作为自成一类的动物,他可以像亚当一样,用他的语言**命名**万物。在命名中,人与幼儿期联系起来了,他永远与一种超越一切特定的命运和一切基因的召命的开放关联。

但这个开放,这个在存在中的呆若木鸡的停留,不是一个在某种意义上和他有关的事件。事实上,它甚至不是一个事件,某种可以在体内记录,并在基因的记忆中习得的东西;相反,它是某种必须保持绝对外在的东西,是和他有关的"无",和因为这样而只能被交给遗忘——也就是说,只能被交给一种体外的记忆和一个传统——的东西。对他来说,问题在于准确地想起"无"：在他身上发生或自我显现的"无"。但这个"无"，作为"无"，也先于一切在场和一切记忆。这就是为什么在传递任何知识或传统之前，人必然得先传递这个无思（svagatezza）本身、这个不定的开放本身——在这个无思、这个开放中，像具体的历史传统那样的东西才变得可能。我们也可以用这样一种看起来琐碎的论证来表达这点：在亲自传递某物之前，人必须首先传递语言。（这也就是为什么一个成年人不可能再去学习说话；第一次进入语言的是孩童，而不是成人，而尽管智人有四万年的历史，他最属人的特征——习得语言——也依然与一种幼儿境况和一种外在性牢牢地联系在一起：无论是谁，只要他相信特定的命运，那么他就不可能真正地说话。）

真正的灵性和文化不会忘记人的语言这个原初的、幼儿的召命；而那种为传递不朽的、编码的价值（在这样的价值中，幼体持续的开放，在一个特定的传统中，再次关闭了）而模仿自然的生殖腺的尝试，恰恰是堕落的文化的特征。事实上，如果说有什么把人的传统和基因代码的传统区分开的话，那么，区分二者的确切来说正是这个事实，即，人的传统想要拯救的，不只是可拯救的东西（物种的本质特征），还有那无论如何都不可能被拯救的东西，那反而已经丢失的东西；或者这么说更好，那被当作一个特定的属性来占有，却恰恰因此而不可遗忘的东西，也就是说，存在，幼儿的体细胞的开放——只有世界，只有语言，才配得上它。理念和本质想拯救的是现象，那曾经存在的不可重复的东西；而最符合逻各斯的目的的，不是保存物种，而是复活肉体。

　　在我们内部的某个地方，那个漫不经心的幼态持续的孩童，还在继续着他的王的游戏。正是他的游戏，给了我们时间，使那永不落幕的开放对我们保持微开的状态。而大地上各色的人和语言，都以各自的方式，为保存和抑制——在多大程度上保存，就在多大程度上推迟——而看守着那个开放。各种各样的民族和那许许多多的历史的语言都是虚假的召命，在它们的召唤下，人试图对他不可容忍的声音的缺失做出回应；或者，如果你喜欢的话，也可以说，它们（人的这些尝试）是注定没有结果的，试图把握不可把握的东西，变成——这个永恒的孩童——大人的尝试。只有在那一天，当原初的幼儿的开放真正地、令人眩晕地如是地被把握的时候，当时间终于完成的时候，人才最终有能力建构一种普世的、不再延迟的历史和语言，并停止他们在各种传统中的徘徊。这个人类对幼儿体细胞的真正回忆被称为思想——也就是，政治。

普世审判的理念

为艾尔莎·莫兰黛①而作

人的灵魂从各个地方集合到正义的法庭前,但被告席上已经有人了。一些灵魂走向陪审席;另一些则在法庭的主体形成嘈杂的人群。在蜂鸣器宣告程序开始的时候,同时偷偷戴上假发、披上长袍的被告,匆忙坐上法官的席位。但他一宣布完开庭,就马上脱掉长袍,溜进公诉人的席位,然后又钻进辩护律师的席位。只要休庭时,他就会垂头丧气地回到被告席。

在上帝被卷入这场对他自己的审判(在这场审判中,他一个接一个地扮演法庭上的各方)中的时候,人,在不安和困惑中,沉默地缓缓走出法庭。

普世审判不是一场语言**中**的审判,这样的审判就其本身而论,永远不可能是真正决定性的,并且事实上它会持续地延期(因此也就有了这样的想法,即普世审判只会在时间的终点到来)。相反,普世审判是一种关于(sul)语言本身的审

---

① 艾尔莎·莫兰黛(Elsa Morante, 1912—1985),意大利小说家。——译注

判,它在语言中,把语言从语言里消除了。

语言的权力必然指向语言。眼必然看见它的盲点。囚犯必然囚禁自己。只有这样,囚犯才会有能力逃出去。

在某个地方,在那个席位发霉的破旧法庭里——在那里,蜡烛在烛台上摇曳不定,角落里织出了巨大的蜘蛛网——上帝对自己的审判还在进行。

但这只是一本童书的彩色插图。这本书的书名是:*Li siette palommielle*(《七只鸽子》)①。

---

① 詹巴蒂斯塔·巴西尔(Giambattista Basile,1566—1632)《五日谈》中的一个故事。——译注

Ⅲ

思想的理念

为雅克·德里达而作

1. 在所有的标点符号中,引号的"特别"流行,已经有相当长一段时间了。在已经太过于普遍的把一个词放到引号之间的实践中,对引号的使用,延伸到了 *signum citationis*(引用的符号)之外,这表明,引号流行的原因,并不浅薄。

事实上,把一个词放到引号之间是什么意思?作家用这两个倒立的逗号,与语言拉开了距离。引号指的是,特定术语不是按它惯常的意义来用的;引号指的是,它的意义是从习俗的意义中移出来(引出来,叫出来)的,但它与它的语义的传统关系还没有被完全切断。你不想或不能再简单地使用古老的术语,但你又不能或不想找一个新的术语。被放进引号的术语，在它的历史中，被悬置起来了；它有了重量——因此，也就有了思想（至少是思想的胚胎）。①

近来，人们为引号在大学中的使用发明了一个一般性的引用理论。那些认为他们可以用一般的学院的不负责，来处理这个有风险的实践——从某位哲学家的作品来推测它——的人应该记住，被放进引号的词，只是在等待它的复仇时刻。而且，没有什么积怨，比它的积怨更微妙、更反讽的了。把一个词放进引号的人再也不能摆脱这个词了：这个词悬在它的意指精神的半空中，变得不可替代——或者确切地说，现在这个人绝对不可能告别这个词了。因此，引号的传播，透露了我们时代在语言面前的不安：引号代表着把我们囚禁在语言中薄却牢不可破的墙内。在引号在被引用的词周围收紧的圈中，说话者也类似地被围了起来。

但如果说引号是对语言的传唤，是在思想的庭前传唤语言的话，那么，这场审判的进程就不能再无限推延了。一切完成了的思想行动，为完成自己——也就是说，为能够指涉站在语言外的某物——必须完全进入语言。只能在引号中说话的人类是不幸的，凭借思想，他们也失去了把思想贯彻到底的能力。

这就是为什么这些传唤语言的进程只可能以撤销引号

---

① 双关，在意大利语文本中，pesato（有重量的）和 pensato（思想）相近。——英译注

而告终。哪怕最终的判决是死刑。那样的话,引号就会在被告的术语的脖子周围收紧,直到勒死那个术语。在这点上,那个术语看起来清空了自己的一切意义,并呼出了它的最后一口气,而引号这对小小的刽子手,则在得到安抚和惊恐的情况下,变回了逗号——引号来自逗号,并且,根据塞维利亚的伊西多尔的定义,逗号指示意义中呼吸的韵律。

2. 在声音变弱,呼吸停止的地方,有——升起了——一个小小的符号。只有在这里,思想才会在踌躇中,冒险前进。

名称的理念

对思考不可说的东西的人来说,这个观察是有益的:人不能说的东西,语言却可以完美地命名。这就是为什么古代哲学仔细地区分了名称(*onoma*)的层面和话语(*logos*)的层面,并把对这个如此重要的区分的发现归功于柏拉图。实际上,这个发现是早于柏拉图的;第一个肯定对单纯和首要的实体来说,没有 *logos* 而只有名称的人是安提西尼。根据这个想法,不可说的东西,不是在语言中不可能被证明的东西,而是在语言中只能被命名的东西。而可说的东西,则是人可以用定义性的话语谈论的东西,即便它最终缺乏属于它自己的名称。因此,可说的和不可说的区分,是在语言内部进行的,语言像一个陡峭的分水岭一样把二者分开了。

在神秘主义的名下,看守着名称的层面与命题①的层面契合的不可能性的古代智慧,就位于这个语言中的断裂处。当然,名称进入了命题,但命题**说的**,不是名称**称呼的**那个东西。字典和科学的不懈努力可以轻易地在每一个名称旁安排一个定义,但以这样的方式被说出的东西,只是基于对名称的预设才被说出的。确切地说,所有语言,都依赖一个自身永远不可能被言明的名称:上帝的名称。这个名称被包含在所有的命题之中,在每一个命题中,它都必然一直不被言说。

哲学采纳的立场则不同。它分享神秘主义对过于草率地把两个层面等同起来的不信任,但它不会失去这个希望,即,它相信自己能够以自己的方式,把正义还给不被命名的东西。这就是为什么思想不停留在名称的阈限上,并且在名称之外,也不知道其他秘密的名称:思想在名称中追求理念。因为,就像在关于魔像②的希伯来传说中那样,那个唤醒无形之物的名称,是真理的名称。而因为在这个可怕的**仆从**

---

① 德译本直接译为"句子"。——译注

② 魔像(Golem),也称假人、泥人、石人、傀儡,犹太教传说中被魔力赋予生命的无生命造物。为赋予魔像生命,需要在它的额头上写上 Aemaeth(希伯来语的"真理")一词。而销毁魔像,则需要擦去这个词的第一个字母 Ae,把它头上的词变成 Maeth(希伯来语的"死亡")。——译注

(*famulus*)的前额上，这个名称的第一个字母已经被抹去了，所以，思想只好继续把目光固定在那张脸上——现在，这张脸上写的字是"死亡"了——直到甚至"死亡"这个词也被抹去。这个无言的、不可读的前额，将一直是它唯一的教诲，它唯一的文本。

谜的理念

1. 就谜的性质而言，这点是确定的，那就是，唤醒谜的对神秘的预期会持续地破灭，因为谜的解决表明，存在的不过是谜的表象而已。这个预期（今天，对我们来说，这个预期的徒劳已是老生常谈了），从一开始就是谜的感染力之所在，特别是，这样的逸事也证明了这点——古代的预言者和卜算者在解不出呈现在他们面前的谜题的时候，真的会死于恐惧。但谜的真正的教导，只在谜的解决和不可避免地随之而来的对神秘的预期的破灭之外开始。因为没有什么比说"不存在谜，只存在谜的表象"更让人绝望的了。实际上，这意味着，谜一般地只是语言和它自己的含糊，而不是在语言中被意谓的东西（如此，这个东西不但没有任何神秘之处，还对要表达它的语言绝对地冷漠，无限地远离它）。

现在，真正的谜是这个——谜不存在，甚至谜也不能包含同时彻底显露又绝对不可说的存在——在这个真正的谜面前,人的理性被恐惧惊呆了。

(从谜的角度来看,这也是维特根斯坦的立场。)

2. 人永远恐惧,也只会恐惧一个东西:真理。或者更确切地说,我们对真理的再现。事实上,恐惧,不只是在我们或多或少是明知故犯地对自己再现的真理面前缺乏勇气;甚至在这之前,恐惧就已经隐含在这样一个事实中了,即我们已经给自己造了一个真理的意象;无论如何,我们都已经有一个真理的名称、一个对真理的预感了。这个包含在一切再现中的古老的恐惧,在谜中找到了它的表达和它的解药。

这不是说,真理是某种不可再现的东西,某种我们总是急着用我们的再现来掩盖的东西。相反,真理只在这点——在这个点上,我们承认一个再现的对错(在再现中,它的形式只能是这样的:"它就是这样的!",或"那么我错了!")——后的那个时刻开始。这就是为什么再现在真理之前停留片刻是重要的;这也是为什么唯一真的再现,是也再现了把它与真理分开的那个隔阂的再现。

3. 有一个关于柏拉图的故事是这样说的:在老年时,有一天,他在学园召集了自己的学生,宣布他将谈论"善"(Bene)。

因为他只在提到其学说最里面、晦暗的核——某种他从来没有明确论述过的东西——时才使用这个术语,所以,在对话间集合的那些人(其中就包括斯珀西波斯、色诺克拉底、亚里士多德和奥普斯的菲利普)心中也就有了某种可以理解的预期,甚至是某种紧张。但在这位哲学家开始说话的时候,事实证明,他的话语仅触及了数学、数字、线、平面和星体运动的问题,而在最终,他声称"善"就是太一的时候,学生们先是惊呆了,然后他们互相交换眼神并摇头,直到最后,一些人在沉默中离开了对话间。甚至像亚里士多德和斯珀西波斯那样留到最后的人,也尴尬而张目结舌。

因此,在那之前,一直警告学生不要对难题进行主题化的处理,在自己的著作中乐于为虚构和故事留出空间的柏拉图,在那个时候,对他的学生们来说,本身就变成了一种神秘和一个谜。

4. 有一位哲学家,在长时间的思考之后,相信写作的唯一合法的形式,是不会让读者幻想他的写作可能引出的真理的写作。"如果我们发现,"他会这样重申,"耶稣或老子写了一部侦探小说,那么,在我们看来,这个发现是不适当的。类似地,哲学家也不可能持有关于难题的论题,或表达关于难题的意见。"出于这个原因,他决定沿用那些简单的、传统的形式,比如,辩护、寓言、传说——甚至垂死的苏格拉底都不曾鄙弃这些形式，看起来，警告读者不要太过严肃地对待它们是有好处的。

不过，另一位哲学家对他指出，这个选择，事实上是自相矛盾的，因为它假设作者在自己的意图上是如此不可救药地严肃，以至于他被迫让自己远离自己的表达。而能够解释何以事实证明，古老的寓言的说教意图是可以接受的这件事情的唯一理由，是在数个世纪中，它们被重复和改变了无数次，而且，关于它们原来的作者，我们一无所知。不然，这位反对者继续说道，唯一避开所有欺骗的可能性的意图，就只可能是"一切意图的绝对的缺席"或者说"绝对没有意图"了。而诗人通过缪斯这个意象——缪斯对诗人口授诗人（听写下来）的词，诗人只是把自己的声音借给了缪斯——来表达的，确切来说正是这个意图的缺失。但在哲学中，这是不可能的——对受灵感启发的哲学来说，事实上，还会有什么意义呢？也就是说，除非，你能找到像哲学的缪斯那样的东西，除非，你能发现这样一种表达：这种表达，将和被底比斯人称作斯芬克斯的、最古老的缪斯的歌一样，在它揭示真理的那个时刻，摔得粉碎。

5. 让我们假设，所有符号都被完成了，人承受的语言的永罚被消除了，所有可能的问题都得到了回答，所有可说的都被说出了——到那时，人在这个大地上的生活，会是什么

(样子的)？你说:"可我们至关重要的难题甚至都还没有被触及呢。"但假设那时我们还会感觉到笑或者哭的欲望的话,那么,我们会为什么而哭？为什么而笑？那个哭或笑会是什么？——如果说,在我们还是语言的囚徒的时候,这些感情不过就是也只能是对语言的局限和不充分的悲伤或极乐的、悲剧或喜剧的经验的话。只在语言被完美地完成、被完美地界定的地方,人的另一种笑、另一种哭才会开始。

沉默的理念

在一本来自古代晚期的童话故事集中,我们可以读到这样一个寓言:

> 雅典人有这样一个习俗,鞭打想当哲学家的人,如果他忍住了,那么人们就会把他当作哲学家。有一次,有一个家伙挨了鞭子,在沉默中忍了过去,然后大声说:"太值了,从此以后,你们要叫我哲学家了!"但众人纠正他说:"要是你一直保持沉默的话,你就是哲学家了。"

这个寓言当然教育我们,哲学无疑与沉默的经验有关,但经受经验绝不构成哲学的特征。相反,在沉默中,哲学被暴露了，它绝对没有任何特征：它经受了无名的状态（il senza nome），没有在这个无名中找到自己的名称。沉默不是它的秘密的词——相反，哲学的词完美地使自己的沉默沉默（la sua parola tace perfettamente il proprio silenzio）。

语言的理念（1）

1. 美丽的脸也许是唯一一个有真正的沉默存在的地方。尽管性格用未说出的词、用一直没有得到完成的意图来标记脸，尽管动物的脸看起来总是处在说话的边缘，人的美丽却使脸对沉默敞开。但沉默也因此而不只是对话语的悬置，也是词本身的沉默，是词的显露（"变得可见"）：是语言的理念。这就是为什么在脸的沉默中，人真正地在家（a casa）了。

2. 只有词能让我们接触到无言的物。自然和动物都永远陷入了某种语言，它们甚至在保持沉默的时候，也在不断地说话和回应符号；只有人成功地在词中中断了自然的无限的语言，并把自己片刻地放到无言的物面前。不可侵犯的玫瑰，玫瑰的理念，只为人而存在。

语言的理念(2)
纪念英格博格·巴赫曼

当我们意识到,流放地的前任司令官发明的那架酷刑机器事实上就是语言的时候,卡夫卡的故事《在流放地》就变得清楚得多了。但同样,它也因此而变得甚至更加复杂。在故事中,这架机器主要是一个正义和惩罚的工具。这意味着,在大地上,对人来说,语言也是这样的工具。流放地的秘密,和一部当代小说中的一个角色在说这些话——"我要告诉你一个可怕的秘密:语言就是惩罚。万物都必须进入语言,并根据它们的罪的大小,在那里死去。"①——的时候揭露的秘密是一样的。

但是,如果问题在于为罪而受罚的话(而军官绝对是肯定这点的:"罪无可置疑"),那么,惩罚的意义在哪里?在这里,再一次地,军官的解释不容置疑:惩罚的意义在于大约在第六个小时发生的事情。在耙子开始在受罚的人的肉体上写他违背的戒律之后的第六个小时,他开始辨认文本:"但在大约第六个小时里,他变得那么地安静!最愚蠢的人也开明

---

① 出自英格博格·巴赫曼的小说《玛丽娜》(*Malina*)。——译注

了。开明之光从眼睛开始。从那里放射出去。那一刻,会让人忍不住想自己也躺到耙子下。之后发生的就只是:犯人开始理解写在他身上的字,他撅起嘴,好像在聆听。你已经看到了,要用眼睛辨认那些字迹是多么地困难;但我们的犯人是用他的伤口来辨认它的。当然,那也是个艰难的任务;他需要六个小时来完成它。到那时,耙子会完全刺穿他,把他抛进坑,让他一头栽落在血、水和棉絮里。"

因此,那个受罚的人在他最后时刻的沉默中把握到的,是语言的意义。人——我们可以这么说——是这样在生活中亲历他们的存在的:他们说话,却不理解话中之意;但对他们来说,第六个小时的到来,使甚至最愚蠢的人,也不得不开明了。当然,问题不在于把握字义,字义这种东西你用眼睛就可以读出来;这里说的是一种更深刻的意义,你只能用自己的伤口来理解它,它只属于作为惩罚的语言。(这就是为什么逻辑在审判中有它专属的领域:事实上,逻辑判断直接就是刑罚判断,就是判决。)理解这个意义,衡量自己的罪是一个艰难的任务,而只有在这个任务完成的时候,我们才能说,正义得到了实现。

不过,这种诠释并没有穷尽这个故事的意义。相反,这个故事的意义,直到那个军官在意识到自己不能说服旅行家的情况下,解放了受罚的人,并取代了他在机器中的位置的时候,才真正开始显现。在这里,决定性的,是必须写进肉体的文字的文本。在这里,这个文本不像对那个受罚的人来说那样,有一个确切的戒律("要尊敬你的长官")的形式,相反,它是一个纯粹而简单的命令:"要正义"。但恰恰就在试图写这个命令的时候,这架机器不但坏了,也没有执行它的任务:"耙子不是在写,而只是在戳……这不是精致的酷刑……这是直白的杀戮。"因此,在军官脸上没有许诺的救赎的迹象:"其他人在机器里得到的,军官却没有得到。"

在这点上,对于这个故事,可能的诠释有两个。根据第一种诠释,那个军官,就他扮演了法官的角色而言,实际上已经违反了"要正义"的准则,所以,他必须受罚。但那架机器,作为那个不义的必要帮凶,也必须随军官一起被摧毁。军官没有在他所受的惩罚中得到其他人相信他们会在那里(他们所受的惩罚中)得到的救赎的原因,是这样一个简单的事实,即,他事先就知道要写在他身上的文字的文本。

但另一种解读同样可能。根据这种解读,"要正义"这个准则指的,不是军官违背的命令,而毋宁说是粉碎那架机器的指令。而考虑到军官对旅行家说的话,他是清楚地意识到这点的:"最后他说,'那么,时候到了',说着,他突然看着旅行家,明亮的眼睛里带着某种挑战,某种合作的请求。"无疑:

他给机器输入那个指令,意在摧毁它。现在,这个故事看起来是在说,语言的终极意义,就是"要正义"这个命令;而语言的机器绝对没法让我们理解的,确切来说就是这个命令的意义。或者,更确切地说,只有通过停止执行它的刑罚功能,只有通过支离破碎和从惩罚者变成凶手,语言的机器才能做到这点。这样,正义才胜过了正义,语言才胜过了语言。现在,那个军官没有在机器中找到其他人在机器中找到的东西就完全是可以理解的了:在这点上,语言中再也没有什么需要他理解的了。这就是为什么他的表情和生前一模一样:他的目光平静而充满了信念,那根大铁钉的钉头穿透了他的额头。

光的理念

我打开一个黑暗房间的灯:自然,被照亮的房间,不再是黑暗的房间了;我永远地失去了它。但被照亮的房间,不就是同一个房间吗?黑暗的房间,不就是被照亮的房间的唯一内容吗?我不能再拥有的,那个无限地向后逃逸,同样无限地把我向前推的东西,只是一个语言的再现:光预设的"黑暗"。但如果我放弃这个预设的努力,如果我把注意力转向光本身,如果我接受光——那么,光给我的,就是**同一个房间**,就是非-假设的黑暗。那被遮蔽的、那被关在自身之中的,是揭露的唯一内容——光只是"黑暗"对其自身的抵达(a se stesso)。

表象的理念①

把柏拉图为学的格言,"拯救现象"(τὰ φαινόμενα σῴζειν)这个表达传给中世纪天文学(并通过它传给现代科学)的,是亚里士多德晚期的评注者之一西里西亚的辛普利,他在雅典学园关闭、与最后的异教哲学家一起流亡到霍斯劳一世的宫廷几年前在学园任教。如果不是出自柏拉图本人的话,这个表达肯定也出自学园的周围;而也许,我们发现它最早被归于本都的赫拉克利德②名下,也就并非偶然了。本都的赫拉克利德是斯珀西波斯之后继任学园长的候选人,据说他试图伪造自己死亡的现象(通过用一条蛇来代替躯体),但根据同一位传记作家的说法,他又在一首藏头诗中,因为没看出索

---

① 这一节因为涉及语境内的用法,在正文中把 appearance 译为"现象"。在其他时候,我把 appearance 译为"表象"以区分于 phenomenon。——译注
② 本都的赫拉克利德(Heraclides Ponticus, 约前 390—约前 310),希腊哲学家、天文学家。——译注

福克勒斯的伪作而遭到嘲笑。

在他对亚里士多德的《论天》的评注中,辛普利以以下方式陈述了柏拉图为他的时代的天文学设定的任务:"柏拉图设定了这个原则,即,天体的运动是循环的、统一的和持续规律的;因此,他对数学家提出了下面这个问题:为了拯救那些谬误的天体现象,作为可取假设的完美的规律的、循环的运动是什么?"

众所周知,从欧多克索斯开始的希腊天文学家,是怎样回应他的问题的。为拯救天体的运动呈现出来的无限复杂的现象[天体也因此而被称为"游荡的"(πλάνητες)①],他们被迫为每一个天体指出一系列的同心球层,这些球层中的每一个都被自己统一的运动驱动,它的运动和其他球层的运动结合起来,就形成了星体的现象运动。

在这里,决定性的问题,是归给假设的地位。对柏拉图来说,假设不被认为和真正的原则同处一个层面,相反,假设作为假设,目的只在于拯救现象。就像普洛克勒斯在和那些混淆了假设和非假设原则的人争论时写到的那样:"这些假设是为了发现天休运动的形式——实际上,天休就像它们看起来那样运动(ὥσπερ καὶ φαίνεται)——也就是说,是为了使对它们的运动的计算变得可理解而被设想出来的。"这就是

---

① πλανήτης(planet)与 πλάνη(error, fallacy)有关,后者就有谬误的意思。——译注

为什么从牛顿在现代科学的开端写下"*Hypotheses non fingo*"(我不做假设),并因此给予科学从经验演绎现象的**真实原因**的任务那个时刻开始,"拯救现象"这个表达就开始了缓慢的语义变化,这个变化把它逐出了科学的领域,并使它带上了直到今天在常见的用法中还有的那个贬义。

但柏拉图使用的τὰ φαινόμενα σώζειν可能是什么意思呢?鉴于什么,现象才需要被拯救?从什么那里拯救?

多亏了假设,谬误的现象才变得可理解,并免于对每一个"为什么?"做任何进一步的科学解释的需要,现在,这些"为什么?"都在假设那里得到了满足。假设,通过说明,把现象的谬误展示为谬误的现象。这不是说,假设是真的,它可以代替作为真实的基础的现象,知识应该转向假设。通过假设,没有被进一步解释的美丽的现象,因此而变成了宝贝,它被保护、被拯救了——为一种不同的理解而被保护和拯救:现在,这种理解可以在现象本身中,在现象的壮丽中,**反假设地**(*ani poteticamente*)、如是地把握现象了。在这里被企及的,是某种依然可感之物(理念这个术语就源于此,理念指一个视像,一个ἰδεῖν)。但它不是某种被语言和知识**预设**的可感物,相反,它在语言和知识中绝对地**被暴露**。不再基于某种假设而基于自身的现象,不再与自己的可理解性分开而置身其中的物,就是理念,就是物自体。

荣耀的理念

"看来/出现"(Pare)——这个动词的语法多么奇怪！一方面，它有 *videtur*① 的意思，"我觉得，在我看来，它像(una parvenza o un sembiante)，因此，它可能是欺骗性的"；另一方面，它又有 *lucet*② 的意思，"它显(splende)，它在它的证据中凸显"。在一个地方，它指一种隐藏，一种在它使自己出现和显现(这个动作)中的隐藏；在另一个地方，则指一种没有阴影的纯粹、绝对的可见性。[在可以说是完全被构造为表象的现象学的《新生》中，这两个意思有时被有意地对立起来了："在我看来(mi parea)，我在我的房间里看到一朵火色的云，在云中我觉察到一个对看他的人露出可怖外观的人的形象；他对我现身(pareami)看起来充满了喜悦……"圭尼泽利③也同样反讽地区分了二者，好像是为了更好地展示它们的混淆："月比星更亮(splende)而显(pare)"。]

这两个意思确切来说是密不可分的，有时，要确定它是哪个意思也不容易：就好像，一切显都隐含着像；就好像，所

---

① 拉丁语，原形为 *videō*，有"看""感觉""观察""注意"等意思。——译注
② 拉丁语，原形为 *lūceō*，意为"发光""变亮""展示""变得可见"等。——译注
③ 圭多·圭尼泽利(Guido Guinizelli, 1230—1276)，意大利诗人。——译注

有的"出现"都意味着"在我看来"。

在人的脸上,眼睛对我们造成了冲击,不是因为它们在表达上的透明,而恰恰相反,是因为它们执拗的、对表达的抵抗,是因为它们的朦胧。如果我们真的把目光固定在他人的眼睛上,我们从他那里看到的东西近乎无,相反,他的眼睛把我们还给了我们自己,或者更确切地说,他的眼睛把我们自己的缩影还给了我们,"瞳孔小人"(la pupilla)一词也就得名于此。

在这个意义上说,目光真是"人的残渣"——但"人"的这些残渣,脸的这个深渊般的不透明和贫乏(爱人经常陶醉于脸,而政客则知道怎样根据它来做出判断,把它变成了权力的工具),是人的灵性唯一真实的封印。

在印欧语系中,只有哥特语的 *wulthus*,能与拉丁语的 *voltus*(表情,表象,脸)——意大利语的"volto"就是从它衍生出来的——准确对应。在传到我们手中的乌尔菲拉的《圣经》中,这个词没有被用来翻译"面容"这个词(西塞罗已经评论过,希腊语没有和这个词对应的词。"我们称之为面容的那个,"他写道,"不可能在任何动物身上存在,而只可能在人身上存在的东西,指的是人身上的道德的元素:希腊语是不知道这个意思的,它们没有任何表达这个意思的词。"),而

散文的理念
085

是被用来翻译希腊语的 δόξα（荣耀），意即，上帝的荣耀。在《旧约》中，荣耀（Kabod）指的是神对人显现自己，或者更确切地说，它指的是作为上帝的本质属性之一的彰显（从词源上说，δόξα 的意思就是：显现，像）。在《约翰福音》中，信仰基督的约翰无需迹象（σημεῖα，神迹），因为他直接看到了神的荣耀，神的"面容"。这在十字架上完全暴露了，十字架上的基督是最后的"迹象/符号"，在这个符号中，所有的符号都被销毁了。

我看某人的眼睛：要么，那双眼睛会向下看（这是一种畏缩的羞耻，也即为目光背后的空无而感到的羞耻），要么，它们会反过来看我。它们可能会粗鲁地看我，展示它们的空无，就好像，在这个空无背后，还有一只无形的眼睛，而这只眼睛知道那个空无，并把它当作一个不可穿透的隐藏地点来使用一样。或者，它们会带着一种毫无保留的贞洁的无耻看我，允许爱和词在我们目光的空无中发生。

在色情片中，让拍摄对象时不时地看向镜头，并因此而表示她们知道自己是被观看的对象，是一个算计好的策略。这个意料之外的事件与支撑对这样的影像的消费的那个虚构——观看者（甚至是看不见的）会吓到演员——剧烈冲突。这些演员，在明知故犯地挑战观看者的目光的时候，迫使观看者看她们的眼睛。

因为只要那个短暂的意外的瞬间持续,这些下流的影像和观看者之间就会有某种类似于真正爱欲的询问的东西①流动:无耻与透明接壤了,而幽灵,也在一瞬间变成纯粹的光辉。(不过,只在那一瞬间,显然,在这里,意图封锁了完美的透明:她们知道她们被看,并且因为知道而获得报酬。)

在神经感应点上(反映在视网膜上的影像就是在这里成像的),眼必然是盲目的。它围绕这个不可见的中心来组织视像,这也意味着,视像完全是为了防止你看到它的盲目而组织起来的。就好像,一切开放都在它的中心包含、设定了一个不可取消的隐藏物,就好像,一切光明都囚禁着某种本质的黑暗。

对动物来说,盲点永远是隐藏的,动物是如此地忠于它的视像,以至于它永远不可能暴露它自己的盲目,或把它变成一种经验。因此,动物的觉知,在被给予的同时,就消失了;它是纯粹的声音。(出于这个原因,动物不知道表象。只有人关心作为影像的影像。)

通过用尽全力紧紧抓住这个盲点,人把自己构造成一个有意识的主体。就好像他绝望地努力看到他自己的盲点一样。而对人来说,一种刺激与回应之间的延迟、非-接近、记忆,潜入了一切他看见的东西。第一次,表象与物分开了,像

---

① 德译本作"一种忧伤的诱惑"。——译注

与显分开了。但这个黑暗的色块——这个延迟——也允许某物**存在**(sia),允许某物在存在。只有对我们来说,物才**存在**(sono);只有对我们来说,物才从我们的需要、从我们和它们的直接关系中解放出来。它们存在:单纯地、不可思议地、不可把握地存在着。

但盲目的视像可能意味着什么？我想抓住我的晦暗,那个在我身上一直没有得到表达、没有被说出的东西;但这个东西,确切来说正是我自己的开放,我自己除一个面容和一个永恒的表象外别无其他的存在。如果我真能在我眼中看到盲点的话,那么,我就会什么也看不到了(这就是神秘主义者所说的那种黑暗,上帝就居住于其中)。①

这就是为什么一切面容都会收缩为一个表情,僵化为一种性格,并以这样的方式传递自己、在自身上坍塌。性格是面容在这样一个点上做出的鬼脸,在这点上,它觉知到没有任何东西可以表达,并绝望地为寻找它自己的盲目,而向自己身后退却。但在这里,唯一有待把握的东西,是一种开放,一种纯粹的可见性:一张脸,仅此而已。而面容也不是某种超越了脸的东西——它是对赤裸的脸的展示,是对性格的胜利:它就是词。

---

① 参考中世纪哲学所说的"超明亮的黑暗"。——译注

而语言被赋予我们,为的不就是把物从它们的影像中解放出来,把表象本身带到表象面前,把它引向荣耀吗?

死亡的理念

在一些传说中被称为萨麦尔,据说连摩西都要与之斗争的死亡天使,就是语言。语言宣告死亡——除此之外,它还会做什么?但确切来说,正是这个宣告,使我们如此地难以死去。从远古以来,对人的历史的整个存在时间来说,人类一直在与这个天使斗争,试图从他那里夺走他不让自己宣告的那个秘密。但从他孩童般的手中,人只能夺得他无论如何都会带来的那个宣告。对此,天使并没有错,而只有那些同样理解到语言的无辜的人,才会把握那个宣告的真正意义,才能最终,学会死亡。

觉醒的理念
为伊塔洛·卡尔维诺而作

1. 龙树在案达罗地区广泛游历,在落脚的地方,对所有渴望学习的人讲授空论。有时,他的对手也会混入他的弟子和旁观者中,于是,龙树虽不情愿,也不得不反驳他们的反对,拆解他们的论证。这些在寺庙香气缭绕的前室或在喧闹的集市中的讨论,总会给他留下一种悲哀。不过,困扰他的,倒还不是正统僧人对他的责难:他们说他是虚无主义者,并指控他坏了四谛(实际上,龙树的法门,如果理解得当的话,不过就是四谛之义)。甚至像犀牛一样只为自己修行觉知的隐士的反讽的评论,也不会给他带来烦恼(他曾经不就是,当时不也还是这样的一头犀牛吗?)。让他苦恼的,是正理派的论证,这些人甚至不是以对手的身份前来的,相反,他们声称自己也信奉相同的教理。他们的教说与龙树自己的法门之间的差别是如此之微妙,以至于有时候他自己都没法把握。可你又没法想象,有什么学说比正理派离龙树的立场更远了。因为事实上,他们的空论是一样的,只有有一方,受限于再现的制约。正理派用理的原则和有为的生起来展示一切皆空,但他们没有触及那个点,在这个点上,这些原则也揭示了它们自己的空。简言之,他们坚持万理非有这个原则!因此,他们在没有觉醒的情况下传授知识——他们传授的是没有真理的发明的真理。

  最近,这个不完美的学说甚至成功地渗透了他的弟子的思想。龙树在骑驴前往韦陀尔卜的途中,仔细斟酌着这些想法。道路环绕着一座玫瑰色的高山,山下是一望无际的草原,草原上点缀着许多小水池,池中倒映着天上的云彩。甚至他喜欢的弟子,月称,也误入歧途了。但他怎么能在不栖居于再现的情况下,驳斥正理派呢?龙树用双膝控制着他灰色的坐骑,目光在路上的岩石和苔藓间游移,开始在心中草拟他后来的《中论颂》。

那些把真理当作学说、当作对真理的再现的人,这样对待空,好像空是一个物一样,他们把再现的空,变成了再现。但反过来,对再现的空的觉知并非再现:它只是再现的终结……你想用空来遮挡苦,但空怎么可能护得住你?如果空本身不是空,如果你给它存在或非存在,那么,这样也只有这样的做法才是虚无主义:把自己的无当作猎物,当作遮挡空的遮蔽物来捕捉。但圣人在苦中居留,不在苦中寻找任何遮蔽,任何理由。因此,月称啊,记住:这样的人——对他来说,空是一种意见,甚至不可再现的东西也是一种再现,对他来说,不可说的东西,是一个无名之物——这些人,是这样的人,胜利者①会正确地称他们为无药可救的人。他像过于热心的顾客,在商人说"我没货给你"的时候,回答说:"至少给我被称为无的那个货物吧"……看到"绝对"的人看到的,不过是"相对"的空罢了。但这恰恰是最难的考验:

---

① 佛的异名,下面的薄伽梵也一样。——译注

如果,在这个点上,你没有理解空的性质,而继续把它当作再现的话,那么,你就会沦为语法学家和虚无主义者的异端;你就会像被自己不知道怎样握的蛇咬了的变戏法的人一样。但如果相反,你耐心地停留在再现的空中的话,那么,薄伽梵啊,这就是我们所谓的中。相对的空不再与一个绝对相对。空的意象也不再是无的意象。词从它的空虚中获得了圆满。这个再现的和平,就是觉醒。醒来的人自己只知道他之前睡着了,只知道他的再现的空,只知道睡眠者。但他现在回忆的梦不再再现,不再梦想任何事物。

2. 深夜我从佩鲁贾回来并来到这里。时值冬天,道路泥泞,天是这样地冷,以至于我的袍子边上都结了冰,冰刺不断打在我腿上,血从伤口里流了出来。满身泥和冰,快要冻僵的我来到门前,在敲了一阵门,喊了一阵人之后,一个兄弟过来问:"你是谁?"我回答说:"方济兄弟。""走开!"他说,"这可不是闲逛的体面时候!你不能进来!"我坚持,他回答说:"走开!你单纯而愚蠢!别再来找我们了!我们这里像你这样的人多了——我们不需要你!"我又站在门前说:"看在上帝分上,今晚就收留我吧!"他回答说:"我不会收留你的! 去十字会①那里,求他们去吧!"我告诉你:如果我有耐心,且没有不安的话,那么,真正的快乐,和真正的美德以及我的灵魂的救赎,就在这里。②

(方济在非-承认中找不到庇护所;在任何情况下,认同的缺席都不可能构成一种新的认同。相反,他坚持重复:**我是方济,开门!** 在这里,理念不是被另一个更高级的理念,而只是被它的再现、它的出发超越了。③ 在门前的阈限上,无意义的名称——纯粹的主体性——被纳入了欢乐的大厦。④)

---

① 十字会(Crosiers),即圣十字规修会(The Canons Regular of the Order of the Holy Cross)。这里方济的兄弟叫他去找十字会,在对他的伤害之上增加了羞辱。在方济的时代,十字会是对方济会的一大威胁,因为十字会采纳了方济会和多明我会的管理结构,却拒绝后者的行乞实践和对共有财产的禁令,徒有其表而无其实,代表着言行分离。参见 Jay M. Hammond, "The Economy of Salvation According to Francis of Assisi", in Michael F. Cusato, Timothy J. Johnson, Steven J. McMichael eds., *Ordo et Sanctitas*: *The Franciscan Spiritual Journey in Theology and Hagiography*, Brill, 2017, p. 133。——译注

② 这篇文字源自14世纪的传记传统,一般被认为是圣方济(Saint Francis)的真作。卡耶坦·艾瑟尔(Kajetan Esser)将它归入"口述作品"部分,依据是本维努图斯·布盖迪(Benvenutus Bughetti)的研究,后者令人信服地证明了这篇文字系方济所作。尽管与《忠告V》(*Admonition V*)和塞拉诺的多玛(Thomas of Celano)的《回忆灵魂的欲望》(*The Remembrance of the Desire of a Soul*)相似,但它反映了方济寄给李奥兄弟(Brother Leo)的那封信。这封信的缘起是一次谈话,在谈话中,方济讨论了福音生活之道和一个相关问题的解决之道。但我们没有办法确定这次谈话发生的时间。这里的译文和上述说明均译自 Francis of Assisi, *Early Documents*: *Vol. 1 The Saint*, edited by Regis J. Armstrong, J. Wayne Hellmann, William J. Short, New City Press, 1999, pp. 166 - 167。——译注

③ 这一句英译本的译法是:再现被超越了,不是通过另一个更高级的再现,而只是通过对它的展示,对它的贯彻(完成它,或,把它做到底)。——译注

④ 这一句德译本的译法是:什么也不意谓的名字——纯粹的主体性——是极乐之屋的门槛。——译注

阈 限

在卡夫卡的诠释者面前为他而辩

  关于不可解释的东西的传说是最多样的。其中最巧妙的——这个传说是当下圣殿的守护者在梳理古代传统的时候发现的——声称,不可解释的东西,因为是不可解释的,所以,在数个世纪以来人们对它给出并且还会继续给出的解释中也依然是不可解释的。的确,确切来说,这些解释构成了对它的不可解释性的最好保障。不可解释的东西的唯一内容——教义的微妙之处就在于此——是这样一个真正不可解释的命令,那就是:"去解释吧!"你不可能逃避这个命令,因为它没有预设任何需要解释的东西,相反,它本身就是唯一的预设。无论你对这个命令做出什么样的回应或非-回应——因此,甚至你的沉默也被包含在内了——这些回应和非-回应无论如何都是有意义的，无论如何都包含了某种解释。

我们著名的父——圣祖们①——就在发现没有什么可解释的情况下，在心中寻找一种表达这种神秘的方式；但对不可解释的东西来说，他们找不到比解释本身更合适的表达了。他们说，解释没有什么可解释的唯一方式，就是给出解释。任何其他的立场，包括沉默，都是在以太过于笨拙的方式扑向不可解释的东西：只有解释不会触动它。

不过，对最早表述此教义的圣祖们来说，它还有一个不可分割的附注，但这个附注，被今天圣殿的守护者给丢掉了。这个附注明确指出，解释不会永远持续，在被他们称为"荣耀之日"的某天，解释会停止它们在不可解释的东西周围的舞蹈。

事实上，解释只是不可解释的东西的传统中的一个时刻：更确切地说，它们是通过不解释不可解释的东西，来守护它的时刻。因此，在清空了它们的内容的情况下，解释完成了它们的任务。但在解释通过展示它们的空，任由这个空存在的那个时刻，不可解释的东西本身陷入了危险。事实上，只有解释才是不可解释的，而那个传说，就是为解释解释而发明出来的。不被解释的东西，被完美地包含在不再解释任何东西的东西之中。

---

① Patriarchi，先祖、族长。亚伯拉罕、以撒和雅各被称为三位以色列的族长，他们生活的时代也叫族长时代。后指牧首。——译注

图书在版编目(CIP)数据

散文的理念 /(意)吉奥乔·阿甘本著；王立秋译.
—南京：南京大学出版社，2020.6(2021.3 重印)
(当代激进思想家译丛 / 张一兵主编)
书名原文：Idea della prosa
ISBN 978-7-305-23112-4

Ⅰ.①散… Ⅱ.①吉…②王… Ⅲ.①美学-研究
Ⅳ.①B83-0

中国版本图书馆 CIP 数据核字(2020)第 051150 号

Idea della prosa
Copyright © 2008 by Giorgio Agamben
Originally published by Bollati Boringhieri editore，Torino
Simplified Chinese Edition Copyright © 2020 by NJUP
All rights reserved.

江苏省版权局著作权合同登记　图字：10-2013-346 号

出版发行	南京大学出版社
社　　址	南京市汉口路 22 号　邮　编 210093
出 版 人	金鑫荣
丛 书 名	当代激进思想家译丛
书　　名	散文的理念
著　者	[意]吉奥乔·阿甘本
译　者	王立秋
责任编辑	张　静
助理编辑	巫闽花
照　　排	南京紫藤制版印务中心
印　　刷	南京爱德印刷有限公司
开　　本	635×965　1/16　印张 7.5　字数 66 千
版　　次	2020 年 6 月第 1 版　2021 年 3 月第 2 次印刷
ISBN	978-7-305-23112-4
定　　价	35.00 元

网址：http：//www.njupco.com
官方微博：http：//weibo.com/njupco
官方微信号：njupress
销售咨询热线：(025)83594756

* 版权所有，侵权必究
* 凡购买南大版图书，如有印装质量问题，请与所购
　图书销售部门联系调换